压缩感知理论及其在天文信号处理中的应用

柏正尧　吴海龙　张　瑜　著

科学出版社
北　京

内 容 简 介

本书共分为4章，首先介绍了稀疏信号模型，包括向量空间和低维信号模型；其次，介绍了信号压缩感知(采样)理论，包括感知矩阵的性质及构建、信号恢复算法等；再次，介绍了信号压缩采样与重构技术，包括信号压缩采样框架及其恢复算法、信号功率谱估计方法；最后，介绍了信号压缩感知技术在天文信号处理中的应用，包括采样系统设计和数据存储、低频射电信号采样与重建、功率谱估计等。

本书可供信号处理、电子与通信、射电天文等领域的研究生和技术人员参考阅读。

图书在版编目(CIP)数据

压缩感知理论及其在天文信号处理中的应用 / 柏正尧，吴海龙，张瑜著. —北京：科学出版社，2023.6
ISBN 978-7-03-075663-3

Ⅰ. ①压… Ⅱ. ①柏… ②吴… ③张… Ⅲ. ①信号处理-应用-航天通信-通信信道-研究 Ⅳ. ①TN927

中国国家版本馆 CIP 数据核字(2023)第 100823 号

责任编辑：黄 桥 / 责任校对：彭 映
责任印制：罗 科 / 封面设计：墨创文化

科学出版社 出版
北京东黄城根北街16号
邮政编码：100717
http://www.sciencep.com

成都锦瑞印刷有限责任公司印刷
科学出版社发行 各地新华书店经销

*

2023年6月第 一 版 开本：787×1092 1/16
2023年6月第一次印刷 印张：6
字数：150 000

定价：148.00元

(如有印装质量问题，我社负责调换)

前　　言

自20世纪60年代开始，科学家相继提出了数字滤波器设计和仿真技术、快速傅里叶变换算法，数字信号处理技术得以迅速发展，被广泛应用于电子电信、航天遥感、天文等领域。现代数字信号处理技术是建立在香农(Shannon)采样定理基础上的，香农采样定理又被称为奈奎斯特(Nyquist)采样定理。根据香农采样定理，无失真重建一个信号所要求的离散样本数是由该信号的带宽决定的，具体来说，它要求信号采样频率必须大于等于信号带宽的两倍(也就是奈奎斯特采样率)，才能由信号的离散样本无失真重建该信号。当信号带宽很宽时，就要求非常高的采样频率，势必对模数转换器(analog-to-digital converter，ADC)提出很高的技术要求，有时甚至是难以实现的。

2004年，康代斯(E.J. Candes)、龙柏格(J. Romberg)、陶哲轩(T. Tao)和多诺霍(D.L. Donoho)等提出了新的信号采样理论，即压缩感知(compressed sensing)，也称为压缩采样(compressive sampling)或稀疏采样(sparse sampling)。压缩采样是与传统的信号采样方法不同的信号采样模式，利用信号的稀疏特性，在远小于奈奎斯特采样率的条件下，用随机采样获取信号的离散样本，通过非线性重建算法重建信号。它可以用远比传统方法少的样本或测量值恢复信号，从而降低采样频率和数据量。要使压缩采样成为可能，必须有两个前提条件，一是信号的稀疏性(sparsity)，二是信号采样模式的非相干性(incoherence)。信号的稀疏性是指一个信号在适当的变换基下具有简洁的表示，也就是说它是可压缩或稀疏的。自然界中有很多信号都具有稀疏性。非相干性是对信号的时域和频域表示的对偶性的扩展，表明在变换基下稀疏的信号在获取该信号的域中是广泛分布的。

作者长期从事信号处理、图像处理方面的教学和科研工作，探索信号处理理论、方法和算法在射电天文信号处理中的应用。近年来，主要开展了信号压缩感知理论和方法的应用研究，将压缩采样方法和重构算法用于射电天文信号分析处理，本书就是这方面工作的总结。全书由云南大学信息学院柏正尧教授组织撰写，两位研究生吴海龙和张瑜完成了相关实验设计、结果分析，吴海龙还完成了采样电路设计、电路板制作、测试等工作。本书首先介绍了压缩感知的基本概念、理论、方法和算法，然后介绍了压缩采样方法在射电天文信号处理中的应用。本书共分为4章，分别介绍稀疏信号模型、信号压缩感知理论、信号压缩采样与重构技术和压缩感知技术在天文信号处理中的应用。

本书的出版得到了云南大学“双一流”建设经费的支持，在此表示感谢。同时，感谢科学出版社黄桥编辑及其他编辑同志的辛勤劳动，是他们认真细致的工作，才使得本书能付梓出版。

数字信号处理技术还在不断发展中，应用领域广泛并且不断拓展，尽管作者有着近二十年的教学经验，但书中难免存在疏漏之处，请广大读者批评指正。

柏正尧

2022 年 7 月于云南大学呈贡校区

目　录

第 1 章　稀疏信号模型

压缩感知(compressive sensing)，在信号处理领域也称为压缩采样(compressive sampling)，是与传统的信号采样方法不同的信号采样模式，它可以用远比传统方法少的样本或测量值恢复信号，从而降低采样频率和数据量。要使压缩采样成为可能，必须有两个前提条件，一是信号的稀疏性(sparsity)，二是信号采样模式的非相干性(incoherence)。信号的稀疏性是指一个信号在适当的变换基下具有简洁的表示，也就是说它是可压缩或稀疏的。自然界中有很多信号都具有稀疏性。非相干性是对信号的时域和频域表示的对偶性的扩展，表明在变换基下稀疏的信号在获取该信号的域中是广泛分布的。

信号处理方法或算法大多是专注于物理系统产生的信号。许多自然和人造系统可以建模为线性系统。因此，下面首先考虑具有线性结构的信号模型。在现代信号处理中，通常将信号建模为在某个向量空间中的向量。向量空间的理论和概念也是压缩感知理论的基础。

1.1　向 量 空 间

向量空间描述了我们常常需要的线性结构，比如说，如果把两个信号加在一起，那么我们就得到一个新的、物理上有意义的信号。在向量空间中，我们可以应用来自 $\mathbb{R}^3$ 空间几何中的直觉知识和工具，如长度、距离和角度，来描述和比较我们感兴趣的信号。即使信号是在高维或无限维空间中，这种方法也是非常有用的。

1.1.1　赋范向量空间

通常把信号看作实值函数，其定义域是连续或离散的，无限或有限的。我们主要关注定义了向量范数的向量空间，称为赋范向量空间(normed vector spaces)。

在现代信号处理中，常用 ℓ_p 范数度量信号强度或误差大小。考虑定义域为离散有限的信号，它们可以看作 n 维欧几里得空间 $\mathbb{R}^n$ 中的向量。在 $\mathbb{R}^n$ 空间中，向量 $\boldsymbol{x}=(x_1,x_2,\cdots,x_n)$ 的 ℓ_p 范数定义为[1]

$$\|\boldsymbol{x}\|_p=\sum_{i=1}^{n}\left(|x_i|^p\right)^{\frac{1}{p}},\ p\in[1,\infty) \tag{1.1}$$

上述 ℓ_p 范数满足三角不等式。当 $p=\infty$ 时，ℓ_∞ 范数定义为向量元素绝对值的最大值，即

$\boldsymbol{x}_{\infty}=\max\limits_{i=1,2,\cdots,n}|x_i|$。在欧几里得空间中，向量 $\boldsymbol{x}=(x_1,x_2,\cdots,x_n)$ 和 $\boldsymbol{z}=(z_1,z_2,\cdots,z_n)$ 的内积定义为[1]

$$\langle \boldsymbol{x}, \boldsymbol{z}\rangle = \boldsymbol{z}^{\mathrm{T}}\boldsymbol{x}=\sum_{i=1}^{n}x_i z_i \tag{1.2}$$

利用内积的定义，ℓ_2 范数可以表示为 $\|\boldsymbol{x}\|_2=\sqrt{\langle \boldsymbol{x},\boldsymbol{x}\rangle}$。

在某些应用场合，将 ℓ_p 范数的定义扩展到 $p<1$ 是有用的。不过，当 $p<1$ 时，按照式(1.1)定义的不再是范数，而是拟范数(quasinorm)，因为它不满足三角不等式。用记号 $\|\boldsymbol{x}\|_0 := |\mathrm{supp}(\boldsymbol{x})|$ 表示信号 $\boldsymbol{x}$ 的支撑(support)，$\mathrm{supp}(\boldsymbol{x})=\{i, x_i\neq 0\}$，$|\mathrm{supp}(x)|$ 则表示 $\boldsymbol{x}$ 的基数(cardinality)。注意，$\|\boldsymbol{x}\|_0$ 既不是范数，也不是拟范数。

p 取不同的值，ℓ_p 范数(包括拟范数)具有明显不同的性质。例如，在 $\mathbb{R}^2$ 中不同 ℓ_p 范数或拟范数表示的单位球 $\left\{\boldsymbol{x},\|\boldsymbol{x}\|_p\right\}=1$，如图 1.1 所示。

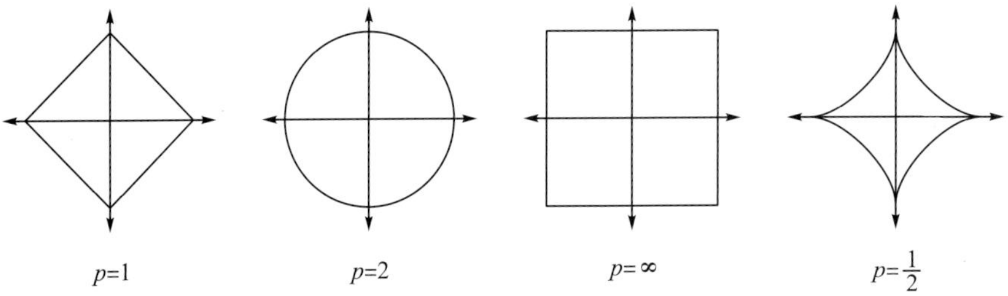

图 1.1 在 $\mathbb{R}^2$ 中的 ℓ_p 范数和拟范数[1]

1.1.2 向量空间中的基和框架

如果集合 $\{\phi_i\}_{i=1}^n$ 中的所有向量能张成(span)欧几里得空间 $\mathbb{R}^n$，并且这些向量是线性独立的，则称 $\{\phi_i\}_{i=1}^n$ 为 $\mathbb{R}^n$ 中的一组基(basis)[1]。空间中的每一个向量都可以唯一地表示为这组基的线性组合。具体来说，对于向量 $\boldsymbol{x}\in\mathbb{R}^n$，存在唯一的一组系数 $\{c_i\}_{i=1}^n$ 使得 $\boldsymbol{x}=\sum\limits_{i=1}^{n}c_i\phi_i$。用 $\boldsymbol{\Phi}$ 表示 $n\times n$ 矩阵，它的列由 ϕ_i 组成，$\boldsymbol{c}=(c_1,c_2,\cdots,c_n)$ 表示长度为 n 的向量，则向量 $\boldsymbol{x}\in\mathbb{R}^n$ 可以表示为紧凑形式：$\boldsymbol{x}=\boldsymbol{\Phi c}$。

规范正交基(orthonormal basis)是一类特殊的基向量，它们满足正交性，即如果 $\{\phi_i\}_{i=1}^n$ 满足：

$$\langle \phi_i,\phi_j\rangle=\begin{cases}1, & i=j\\ 0, & i\neq j\end{cases} \tag{1.3}$$

利用正交基的特性，很容易计算系数：$c_i=\langle \boldsymbol{x},\phi_i\rangle$，或表示成矩阵形式：

$$\boldsymbol{c}=\boldsymbol{\Phi}^{\mathrm{T}}\boldsymbol{x} \tag{1.4}$$

由于矩阵 $\boldsymbol{\Phi}$ 的列具有正交性，因此，$\boldsymbol{\Phi}^{\mathrm{T}}\boldsymbol{\Phi}=\boldsymbol{I}$，这里 $\boldsymbol{I}$ 表示 $n\times n$ 单位矩阵。

将基的概念推广到可能线性相关的向量集合，就产生所谓的框架(frame)[1,2]。准确地说，框架是空间 $\mathbb{R}^d$ 中与矩阵 $\boldsymbol{\Phi}\in\mathbb{R}^{d\times n}$ 对应的一组向量 $\{\phi_i\}_{i=1}^n$，$d<n$，并且对于向量 $\boldsymbol{x}\in\mathbb{R}^d$，满足：

$$A\|\boldsymbol{x}\|_2^2 \leqslant \|\boldsymbol{\Phi}^{\mathrm{T}}\boldsymbol{x}\|_2^2 \leqslant B\|\boldsymbol{x}\|_2^2 \tag{1.5}$$

其中，$0<A\leqslant B<\infty$。注意，$A>0$ 意味着矩阵 $\boldsymbol{\Phi}$ 的行必然是线性独立的。在保证不等式成立的条件下，若 A 取可能的最大值，B 取最小值，则称它们为最优框架边界。如果可以选择 A 和 B 相等，则 $\boldsymbol{\Phi}$ 称为 A-紧(A-tight)框架。如果 $A=B=1$，则 $\boldsymbol{\Phi}$ 称为帕塞瓦尔框架(Parseval frame)。如果存在某个 $\lambda>0$，使得 $\|\phi_i\|_2=\lambda,\ i=1,2,\cdots,n$，则 $\boldsymbol{\Phi}$ 称为等范数框架。若 $\lambda=1$，则 $\boldsymbol{\Phi}$ 称为单位范数框架。另外，在框架 $\boldsymbol{\Phi}$ 是 $d\times n$ 矩阵的情况下，A 和 B 分别对应矩阵 $\boldsymbol{\Phi}\boldsymbol{\Phi}^{\mathrm{T}}$ 的最小和最大特征值。

框架的冗余性使得它们可以提供更丰富的数据表示[3]。对于给定的信号 $\boldsymbol{x}$，存在无穷多个系数向量 $\boldsymbol{c}$，满足 $\boldsymbol{x}=\boldsymbol{\Phi}\boldsymbol{c}$。为了获得一组可实现的系数，可以采用对偶框架(dual frame)。任何满足下列关系的框架 $\tilde{\boldsymbol{\Phi}}$ 称为可选对偶框架。

$$\boldsymbol{\Phi}\tilde{\boldsymbol{\Phi}}^{\mathrm{T}}=\tilde{\boldsymbol{\Phi}}\boldsymbol{\Phi}^{\mathrm{T}}=\boldsymbol{I} \tag{1.6}$$

特别地，$\tilde{\boldsymbol{\Phi}}=(\boldsymbol{\Phi}\boldsymbol{\Phi}^{\mathrm{T}})^{-1}\boldsymbol{\Phi}$ 称为典范对偶框架(canonical dual frame)，也称为穆尔-彭罗斯伪逆(Moore-Penrose pseudoinverse)。值得注意的是，由于 $A>0$ 要求矩阵 $\boldsymbol{\Phi}$ 的行是线性独立的，保证了 $\boldsymbol{\Phi}\boldsymbol{\Phi}^{\mathrm{T}}$ 是可逆的，也就是说，$\tilde{\boldsymbol{\Phi}}$ 是定义明确的(well-defined)。由此，可以得到一组可实现的系数如下[1]：

$$\boldsymbol{c}_d=(\boldsymbol{\Phi}\boldsymbol{\Phi}^{\mathrm{T}})^{-1}\boldsymbol{\Phi}\boldsymbol{x} \tag{1.7}$$

需要指出的是，在稀疏逼近(sparse approximation)的文献中，基或框架分别被称为字典(dictionary)或过完备字典(overcomplete dictionary)，字典元素被称为原子(atoms)。

1.2　低维信号模型

信号处理的核心是从不同类型的信号或数据中获取、处理和提取信息的高效算法。为了针对特定问题设计信号处理的算法，必须对感兴趣的信号建立精确的模型。这些模型可以采取生成模型、确定性类或概率贝叶斯模型的形式。许多经典信号处理方法是将信号建模为向量空间(或子空间)中的向量，简单的线性模型往往无法捕捉许多常见的各类信号中存在的大部分结构，尽管将信号建模为向量是合理的，但在许多情况下，空间中并非所有可能的向量都代表有效信号。为了应对这些挑战，近年来，许多领域对各种低维信号模型的兴趣激增。本节简要介绍压缩感知领域中最常见的低维结构。首先考虑有限维信号的传统稀疏模型，然后讨论将这些模型推广到无限维(连续时间)信号，最后简要介绍低秩矩阵(low-rank matrix)、流形(manifold)和参数(parametric)模型。

1.2.1　稀疏模型

一般来说，信号可以用已知基或字典的几个元素的线性组合很好地逼近。如果这种表示是精确的，则信号是稀疏的。稀疏信号模型提供了一个数学框架。

1. 稀疏性和非线性逼近

定义：对于信号 $\boldsymbol{x}$，如果它最多有 k 个非零值，即 $\|\boldsymbol{x}\|_0 \leqslant k$，则称 $\boldsymbol{x}$ 是 k-稀疏的。用记号 $\boldsymbol{\Sigma}_k = \{\boldsymbol{x} : \|\boldsymbol{x}\|_0 \leqslant k\}$ 表示所有 k-稀疏的信号集合[1]。

通常遇到的信号 $\boldsymbol{x}$ 本身不是 k-稀疏的，而是在某个基 $\boldsymbol{\Phi}$ 上具有稀疏表示，此时仍然称 $\boldsymbol{x}$ 是 k-稀疏的，但要理解为 $\boldsymbol{x} = \boldsymbol{\Phi c}$，$\|\boldsymbol{c}\|_0 \leqslant k$。在信号处理和逼近理论中利用稀疏性实现数据压缩、去噪等任务[4, 5]，也是机器学习理论中避免过拟合的方法[6]。

2. 稀疏信号的几何意义

稀疏信号模型是一种高度非线性的模型，因为选择使用哪种字典元素会因信号而异[4]。通过观察可以看出，两个 k-稀疏信号的线性组合通常不再是 k-稀疏的，因为它们的支撑可能不一致。也就是说，对于任何 $\boldsymbol{x}, \boldsymbol{z} \in \boldsymbol{\Sigma}_k$，不一定有 $(\boldsymbol{x}+\boldsymbol{z}) \in \boldsymbol{\Sigma}_k$，但可以肯定的是，$\boldsymbol{x}+\boldsymbol{z}$ 一定是 $2k$-稀疏的，即 $(\boldsymbol{x}+\boldsymbol{z}) \in \boldsymbol{\Sigma}_{2k}$。稀疏信号集合 $\boldsymbol{\Sigma}_k$ 并不构成线性空间，相反，它包括所有可能的 $\binom{n}{k}$ 个典范子空间的并集。

3. 可压缩信号

在实际应用中，大多数信号都不是真正稀疏的，但它们是可压缩的，因此可以用稀疏信号很好地逼近它们。在不同的应用场合，这样的信号被称为可压缩的、近似稀疏的或相对稀疏的。用稀疏信号逼近可压缩信号可能产生误差，通过计算信号逼近误差可量化压缩率。用稀疏信号 $\hat{\boldsymbol{x}} \in \boldsymbol{\Sigma}_k$ 逼近信号 $\boldsymbol{x}$ 产生的误差为

$$\sigma_k(\boldsymbol{x})_p = \min_{\hat{\boldsymbol{x}} \in \boldsymbol{\Sigma}_k} \|\boldsymbol{x} - \hat{\boldsymbol{x}}\|_p \tag{1.8}$$

显然，如果 $\boldsymbol{x} \in \boldsymbol{\Sigma}_k$，则对任意的 p，有 $\sigma_k(\boldsymbol{x})_p = 0$。

从另一角度来讨论可压缩信号，考虑它们系数的衰减速率。实际上，对于许多重要的信号，存在某个基使它们的系数服从幂律衰减。在这种情况下，信号是高度可压缩的。设信号 $\boldsymbol{x}$ 可表示为：$\boldsymbol{x} = \boldsymbol{\Phi c}$，将其系数从大到小进行排序，即 $|c_1| \geqslant |c_2| \geqslant \cdots \geqslant |c_n|$。如果存在常数 C_1，$q>0$，使得 $|c_i| \leqslant C_1 i^{-q}$，则称信号 $\boldsymbol{x}$ 的系数服从幂律衰减。q 越大，系数幅度衰减越快，信号的可压缩性就越强。由于系数幅度衰减非常快，可以用 $k(k \ll n)$ 个系数准确表示可压缩信号。

1.2.2 信号子空间模型

1. 子空间的有限联合

在某些应用中，信号的结构不能仅用稀疏性来完全表达。例如，当信号中只允许某些稀疏支撑模式时，可以利用这些约束来表示更简洁的信号模型。具有代表性的例子很

多，这里略举两例：①对于分段平滑的信号和图像，小波变换中的主导系数倾向于聚集成小波父子二叉树内的连通根子树[7]。②在某些情况下，稀疏信号的少数分量不是对应于向量(即矩阵 $\boldsymbol{\Phi}$ 的列)，而是对应于特定子空间中的已知点。如果通过连接这些子空间的基来构造一个框架，信号表示的非零系数在已知位置形成块结构[8-10]。对于具有这种附加结构的 k-稀疏信号，可以通过将信号的可行支撑限制为可选择的 $\binom{n}{k}$ 个非零系数的一个小子集来捕获这种结构。这些模型通常被称为结构化稀疏模型[7,11,12]。在非零系数聚集成簇的情况下，结构可以用子空间的稀疏并集来表示[7,10]。结构化稀疏和子空间联合模型将稀疏的概念扩展到更广泛的信号类别，可以表示有限维和无限维信号。

标准稀疏信号的并集 $\boldsymbol{\Sigma}_k$ 是由标准的子空间 $\mathcal{U}_i$ 组成的，这些子空间与 $\mathbb{R}^n$ 空间 n 个坐标轴中的 k 个对齐。选择更一般的子空间 $\mathcal{U}_i$，其表示能力强大，可以适应许多有趣的信号先验(signal priors)。具体地说，已知信号 $\boldsymbol{x}$ 位于 M 个可能子空间的某一个子空间，则 $\boldsymbol{x}$ 一定位于 M 个子空间的并集 $\mathcal{U}$ 中[10,12]。在一般的稀疏场合中，子空间联合模型是非线性的，来自并集 $\mathcal{U}$ 的两个信号之和通常不再在 $\mathcal{U}$ 中。信号集合的这种非线性特性使得任何信号处理都更加复杂。因此，这里主要考察一些特定的联合模型，例如，结构化稀疏支撑，由满足支撑附加限制的稀疏向量组成(即向量非零项的索引集)，只有 $\boldsymbol{\Sigma}_k$ 中 $\binom{n}{k}$ 个子空间中的某些子空间 $\mathcal{U}_i$ 满足要求[11]。还有，子空间的稀疏并集，构成该并集的每个子空间是 k 个低维子空间的直和[10]。

2. 用于模拟信号模型的子空间联合

压缩感知的主要目的之一是设计新的感知系统来获取模拟信号。相反，上述有限维稀疏信号模型假设信号是离散的。在某些情况下，使用中间的离散表示将上述模型扩展到连续时间信号是有可能的。例如，一个带限的周期性信号可以用一个有限长度的向量来完美地表示，该向量由奈奎斯特速率采样的样本组成。然而，通常更好的方法是将稀疏性的概念进行扩展，为模拟信号建立子空间联合模型[13-15]。一般来说，当处理模拟信号的子空间联合模型时，需要考虑三种情况，即无限维空间的有限联合、有限维空间的无限联合和无限维空间的无限联合。

在上述三种情况中，每一种情况都至少有一个部分可以取无限值，也就是维度无限和联合无限。我们要讨论的模拟信号结果就是这样的：要么底层子空间是无限维的，要么子空间的数量是无限维的。模拟信号可以表示为子空间的联合，这样的很多例子都是众所周知的。例如，属于无限维空间的有限联合的一类重要信号是多频带模型(multiband model)[14]。在该模型中，模拟信号由带限信号的有限和组成，信号分量通常具有相对较小的带宽，但分布在相对较大的频率范围[16-19]，这类信号的亚奈奎斯特(sub-Nyquist)恢复技术可参考本章文献[18]、文献[20]和文献[21]。另外，新息率(rate of innovation)有限的信号，也是可以表示为子空间联合的一类信号[13,22]。该模型可用于描述具有少量自由度的许多常见信号，它对应于有限维子空间的无限联合还是有限联合，取决于具体的结构[23,24]。在这种情况下，参数的可能取值集合是无限维的，每个子空间对应于参数值的某种选择，因此，模型所张成的子空间的数目也是无限的。最终的目标是利用可用的结构来降低采样率。

1.2.3 低秩矩阵模型

与稀疏性密切相关的另一种模型是低秩矩阵模型[1]：

$$\mathcal{L}=\left\{\boldsymbol{M}\in\mathbb{R}^{n_1\times n_2}:\operatorname{rank}\left(\boldsymbol{M}\right)\leqslant r\right\} \tag{1.9}$$

也就是说，集合 $\mathcal{L}$ 由秩小于等于 r 的所有矩阵 $\boldsymbol{M}$ 构成，即 $\boldsymbol{M}=\sum_{k=1}^{r}\sigma_k u_k v_k^*$，其中 $\sigma_1>\sigma_2>\cdots>\sigma_r\geqslant 0$ 为非零奇异值，$u_1,u_2,\cdots,u_r\in\mathbb{R}^{n_1}$，$v_1,v_2,\cdots,v_r\in\mathbb{R}^{n_2}$ 是相应的奇异向量。这里并非限制用于构造信号的矩阵数目，而是对非零奇异值的数目进行约束。通过计算奇异值分解中自由参数的数量，可以很容易地观察到集合 $\mathcal{L}$ 具有 $r\left(n_1+n_2-r\right)$ 个自由度。当 r 很小时，这一数值远小于矩阵元素的数目 n_1n_2。在多种实际应用场景中都会出现低秩矩阵，例如，低秩汉克尔(Hankel)矩阵对应于低阶线性、时不变系统[25]。在许多数据嵌入问题中，如传感器定位，传感器之间的距离矩阵通常秩为 2 或 3[26,27]。最后，近似的低秩矩阵自然出现在协同过滤(collaborative filtering)系统应用场景中，如现在著名的 Netflix 推荐系统[28]和相关的矩阵补全(matrix completion)问题，可从其小样本数据中恢复低秩矩阵[29-31]。

1.2.4 流形模型和参数模型

流形模型(manifold model)或参数模型(parametric model)构成了另一类更一般的低维信号模型。这类模型出现在下述情况中，k 维连续参数 θ 携带相关信号的信息，信号 $f(\theta)\in\mathbb{R}^n$ 是参数 θ 的连续(通常是非线性的)函数。典型例子包括，由未知时间延迟(参数为平移变量)移位的一维信号、语音信号记录(参数为底层音素)，以及从未知的视角(参数包括对象的三维坐标及其滚动、俯仰、偏航)[32-34]拍摄的未知位置的三维目标图像。在这些情况下，信号类构成了 $\mathbb{R}^n$ 中的一个非线性 k 维流形：

$$\mathcal{M}=\left\{f\left(\theta\right):\theta\in\Theta\right\} \tag{1.10}$$

其中，Θ 表示 k 维参数空间。基于流形的图像处理方法已经引起了相当多的关注，特别是在机器学习领域。它们可以应用在不同的场景中，包括数据可视化、信号分类和检测、参数估计、系统控制、聚类和机器学习[35-39]。低维流形可以作为一些非参数信号类的近似模型，如人脸图像和手写数字[40-42]。

流形模型与上述所有模型都密切相关。例如，满足 $\|\boldsymbol{x}\|_0=k$ 的信号 $\boldsymbol{x}$ 集合构成 k 维黎曼流形(Riemannian manifold)。同样，秩为 r 的 $n_1\times n_2$ 矩阵集构成一个 $r\left(n_1+n_2-r\right)$ 维黎曼流形[43]。此外，许多流形可以等效地描述为子空间的无限并集。

1.3　本 章 总 结

经过近二十年的快速发展，压缩感知理论已经日趋成熟，在信号处理、统计学和计算机科学以及更广泛的科学界中都引起了相当多的关注。本章介绍了信号表示的数学基础知识，以及在压缩感知中应用的一些信号模型。在本书的后续章节中，将讨论如何将这些模型用于信号处理，建立信号采样框架，给出信号恢复算法和实验结果。

参 考 文 献

[1] Eldar Y C, Kutyniok G. Compressed Sensing: Theory and Applications[M]. Cambridge: Cambridge University Press, 2012.

[2] Casazza P G, Kutyniok G. Finite Frames: Theory and Applications[M]. Boston: Birkhäuser, 2013.

[3] Bodmann B G, Casazza P G, Kutyniok G. A quantitative notion of redundancy for finite frames[J]. Applied and Computational Harmonic Analysis, 2011, 30(3): 348-362.

[4] Devore R A. Nonlinear approximation[J]. Acta Numerica, 1998, 7(7): 51-150.

[5] Donoho D L. De-noising by soft-thresholding[J]. IEEE Transactions on Information Theory, 1998, 41(3): 613-627.

[6] Vapnik V N. The Nature of Statistical Learning Theory[M]. New York: Springer, 1995.

[7] Duarte M F, Eldar Y C. Structured compressed sensing: From theory to applications[J]. IEEE Transactions on Signal Processing, 2011, 59(9): 4053-4085.

[8] Boufounos P T, Kutyniok G, Rauhut H. Sparse recovery from combined fusion frame measurements[J]. IEEE Transactions on Information Theory, 2011, 57(6): 3864-3876.

[9] Eldar Y C, Kuppinger P, Bolcskei H. Block-sparse signals: Uncertainty relations and efficient recovery[J]. IEEE Transactions on Signal Processing, 2010, 58(6): 3042-3054.

[10] Eldar Y C, Member S, Member S, et al. Robust recovery of signals from a structured union of subspaces[J]. IEEE Transactions on Information Theory, 2009, 55(11): 5302-5316.

[11] Baraniuk R, Cevher V, Duarte M, et al. Model-based compressive sensing[J]. IEEE Transactions on Information Theory, 2010, 56(4): 1982-2001.

[12] Blumensath T, Davies M E. Sampling theorems for signals from the union of finite-dimensional linear subspaces[J]. IEEE Transactions on Information Theory, 2009, 55(4): 1872-1882.

[13] Dragotti P L, Vetterli M, Blu T. Sampling moments and reconstructing signals of finite rate of innovation: Shannon meets strang-fix[J]. IEEE Transactions on Signal Processing, 2007, 55: 1741-1757.

[14] Eldar Y C. Compressed sensing of analog signals in shift-invariant spaces[J]. IEEE Transactions on Signal Processing, 2009, 57(8): 2986-2997.

[15] Gedalyahu K, Eldar Y C. Time-delay estimation from low-rate samples: A union of subspaces approach[J]. IEEE Transactions on Signal Processing, 2010, 58(6): 3017-3031.

[16] Feng P. Universal minimum-rate sampling and spectrum-blind reconstruction for multiband signals[D]. Urbana: University of

Illinoisat at Urbana-Champaign, 1998.

[17] Bresler Y, Ping F. Spectrum-blind minimum-rate sampling and reconstruction of 2-D multiband signals[C]. 3rd IEEE International Conference on Image Processing, Lausanne, Switzerland, 2002.

[18] Mishali M, Eldar Y C. Blind multi-band signal reconstruction: Compressed sensing for analog signals[J]. IEEE Transactions on Information Theory, 2009, 57(3): 993-1009.

[19] Venkataramani R, Bresler Y. Perfect reconstruction formulas and bounds on aliasing error in sub-Nyquist nonuniform sampling of multiband signals[J]. IEEE Transactions on Information Theory, 2000, 46(6): 2173-2183.

[20] Mishali M, Eldar Y C. From theory to practice: Sub-Nyquist sampling of sparse wideband analog signals[J]. IEEE Journal of Selected Topics in Signal Processing, 2010, 4(2): 375-391.

[21] Mishali M, Eldar Y C, Dounaevsky O, et al. Xampling: Analog to digital at sub-Nyquist rates[J]. IET Circuits, Devices and Systems, 2011, 5(1): 8-20.

[22] Vetterli M, Marziliano P, Blu T. Sampling signals with finite rate of innovation[J]. IEEE Transactions on Signal Processing, 2002, 50(6): 1417-1428.

[23] Ben-Haim Z, Michaeli T, Eldar Y C. Performance bounds and design criteria for estimating finite rate of innovation signals[J]. IEEE Transactions on Information Theory, 2012, 58(8): 4993-5015.

[24] Gedalyahu K, Tur R, Eldar Y C. Multichannel sampling of pulse streams at the rate of innovation[J]. IEEE Transactions on Signal Processing, 2011, 59(4): 1491-1504.

[25] Partington J R. An Introduction to Hankel Operators[M]. Cambridge: Cambridge University Press, 2003.

[26] Linial N, London E, Rabinovich Y. The geometry of graphs and some of its algorithmic applications[J]. Combinatorica, 1995, 15(2): 215-245.

[27] So M C, Ye Y. Theory of semidefinite programming for sensor network localization[J]. Mathematical Programming, 2005, 109(2-3): 405-414.

[28] Goldberg D, Nichols D A, Oki B M, et al. Using collaborative filtering to weave an information TAPESTRY[J]. Communications of the ACM, 1992, 35(12): 61-70.

[29] Candès E, Recht B. Exact matrix completion via convex optimization[J]. Foundations of Computational Mathematics, 2009, 9(6): 717-772.

[30] Rosen K. Discrete Mathematics and Its Applications[M]. New York: McGraw-Hill, 2003.

[31] Recht B, Fazel M, Parrilo P A. Guaranteed minimum-rank solutions of linear matrix equations via nuclear norm minimization[J]. SIAM Review, 2010, 52(3): 471-501.

[32] Donoho D, Grimes C. Image manifolds which are isometric to Euclidean space[J]. Journal of Mathematical Imaging and Vision, 2005, 23(1): 5-24.

[33] Lu H. Geometric theory of images[D]. San Diego: University of California, 1998.

[34] Wakin M B, Papadakis M, Laine A F, et al. The multiscale structure of non-differentiable image manifolds[J]. Proceedings of SPIE, 2005, 5914: 413-429.

[35] Belkin M, Niyogi P. Laplacian eigenmaps for dimensionality reduction and data representation[J]. Neural Computing, 2003, 15(6): 1373-1396.

[36] Belkin M, Niyogi P. Semi-supervised learning on Riemannian manifolds[J]. Machine Learning, 2004, 56: 209-239.

[37] Coifman R R, Maggioni M. Diffusion wavelets[J]. Applied and Computational Harmonic Analysis, 2006, 21(1): 53-94.

[38] Costa J A, Hero A O. Geodesic entropic graphs for dimension and entropy estimation in manifold learning[J]. IEEE Transactions on Signal Processing, 2004, 52(8): 2210-2221.

[39] Donoho D, Carrie G. Hessian eigenmaps: Locally linear embedding techniques for high-dimensional data[J]. Proceedings of the National Academy of Sciences of the United States of America, 2003, 100(10): 5591-5596.

[40] Broomhead D, Kirby M. The Whitney reduction network: A method for computing autoassociative graphs[J]. Neural Computing, 2001, 13(11): 2595-2616.

[41] Hinton G, Dayan P, Revow M. Modelling the manifolds of images of handwritten digits[J]. IEEE Transactions on Neural Networks, 1997, 8(1): 65-74.

[42] Turk M, Pentland A. Eigenfaces for recognition[J]. Journal of Cognitive Neuroscience, 1991, 3(1): 71-86.

[43] Vandereycken B, Vandewalle S. A Riemannian optimization approach for computing low-rank solutions of Lyapunov equations[J]. SIAM Journal on Matrix Analysis and Applications, 2008, 31(5): 2553-2579.

第 2 章　信号压缩感知理论

2.1　压 缩 感 知

本章将讨论标准的有限维压缩感知(compressive sensing，CS)模型。具体来说，考虑一个线性测量系统，对于给定的信号 $\boldsymbol{x}\in\mathbb{R}^n$，它可以获得 m 个线性测量值。这个过程可以用数学公式表示为

$$\boldsymbol{y}=\boldsymbol{A}\boldsymbol{x} \tag{2.1}$$

其中，$\boldsymbol{y}\in\mathbb{R}^m$，$\boldsymbol{A}$ 为 $n\times m$ 矩阵。矩阵 $\boldsymbol{A}$ 代表降维，它将 $\mathbb{R}^n$ 映射到 $\mathbb{R}^m$，通常 $n>m$。在标准的 CS 框架中，假设测量值是非自适应的，也就是说，$\boldsymbol{A}$ 的行是预先固定的，并且不依赖于之前获得的测量值。当然，在某些场合，自适应测量方案可以获得显著的性能提升。

标准 CS 框架假设 $\boldsymbol{x}$ 是取离散值的有限长向量，但在实际中，往往是希望设计一个测量系统来获取连续索引信号，如连续时间信号或图像。有时可以使用中间离散表示将离散模型扩展到连续索引信号。现在，将 $\boldsymbol{x}$ 看作有限长的奈奎斯特速率样本窗口，暂时不考虑如何在没有以奈奎斯特速率进行第一次采样的情况下，直接获得压缩测量值的问题。

在 CS 中有两个主要的理论问题。首先，应该如何设计感知矩阵(sensing matrix)$\boldsymbol{A}$，以确保它保留了信号 $\boldsymbol{x}$ 中的信息？其次，如何从测量值 $\boldsymbol{y}$ 中恢复原始信号 $\boldsymbol{x}$？在数据稀疏或可压缩的情况下，可以设计矩阵 $\boldsymbol{A}$，满足 $m\ll n$，以确保能够使用各种实用算法准确、有效地恢复原始信号。本章首先解决如何设计感知矩阵 $\boldsymbol{A}$ 的问题。这里不是直接提出一个设计过程，而是考虑矩阵 $\boldsymbol{A}$ 应该具有的一些理想属性，并给出一些满足这些性质的矩阵构造的重要例子。

2.2　感 知 矩 阵

前面已经指出，压缩感知的首要问题是如何设计感知矩阵，使其保留信号的信息。下面首先讨论感知矩阵的零空间。

2.2.1　零空间

感知矩阵 $\boldsymbol{A}$ 的零空间(null space)定义为[1]

$$\mathcal{N}(\boldsymbol{A})=\{\boldsymbol{z}:\boldsymbol{A}\boldsymbol{z}=0\} \tag{2.2}$$

如果期望从测量值 $\boldsymbol{Ax}$ 中恢复所有的稀疏信号 $\boldsymbol{x}$，很显然，对于任意两个不同的向量 $\boldsymbol{x},\boldsymbol{x}'\in\boldsymbol{\Sigma}_k$，必有 $\boldsymbol{Ax}\neq\boldsymbol{Ax}'$，否则，我们不可能仅仅根据测量值 $\boldsymbol{y}$ 就能区分 $\boldsymbol{x}$ 和 $\boldsymbol{x}'$。这里，$\boldsymbol{\Sigma}_k$ 表示 k-稀疏信号集合。反过来，如果 $\boldsymbol{Ax}=\boldsymbol{Ax}'$，则有 $\boldsymbol{A}(\boldsymbol{x}-\boldsymbol{x}')=\boldsymbol{0}$，且 $(\boldsymbol{x}-\boldsymbol{x}')\in\boldsymbol{\Sigma}_{2k}$。由此可见，当且仅当在 $\mathcal{N}(\boldsymbol{A})$ 不包含 $\boldsymbol{\Sigma}_{2k}$ 中的向量的条件下，感知矩阵 $\boldsymbol{A}$ 才能唯一表示所有信号 $\boldsymbol{x}\in\boldsymbol{\Sigma}_k$。为了描述上述性质，下面引入矩阵 spark 的定义。

定义 2.1　给定矩阵 $\boldsymbol{A}$，spark$(\boldsymbol{A})$定义为 $\boldsymbol{A}$ 中线性相关的最小列数[2]。

由此定义，我们引出如下定理：

定理 2.1　对于任意向量 $\boldsymbol{y}\in\mathbb{R}^m$，当且仅当 spark$(\boldsymbol{A})>2k$ 时，最多存在一个信号 $\boldsymbol{x}\in\boldsymbol{\Sigma}_k$，使得 $\boldsymbol{y}=\boldsymbol{Ax}$[1]。

证明：首先假设，对于任何 $\boldsymbol{y}\in\mathbb{R}^m$，最多存在一个信号 $\boldsymbol{x}\in\boldsymbol{\Sigma}_k$，使得 $\boldsymbol{y}=\boldsymbol{Ax}$。现在假设，spark$(\boldsymbol{A})\leqslant 2k$，也就是说，存在某个由最多 $2k$ 列线性独立向量组成的集合，反过来说，存在一个向量 $\boldsymbol{h}\in\mathcal{N}(\boldsymbol{A})$，使得 $\boldsymbol{h}\in\boldsymbol{\Sigma}_{2k}$。在这种情况下，可以令 $\boldsymbol{h}=\boldsymbol{x}-\boldsymbol{x}'$，其中 $\boldsymbol{x},\boldsymbol{x}'\in\boldsymbol{\Sigma}_k$。因此有 $\boldsymbol{A}(\boldsymbol{x}-\boldsymbol{x}')=\boldsymbol{0}$，由此可得 $\boldsymbol{Ax}=\boldsymbol{Ax}'$。但这与假设相矛盾，即最多存在一个信号 $\boldsymbol{x}\in\boldsymbol{\Sigma}_k$，使得 $\boldsymbol{y}=\boldsymbol{Ax}$。因此，必有 spark$(\boldsymbol{A})>2k$。

现在假设 spark$(\boldsymbol{A})>2k$，且对于某些 $\boldsymbol{y}$ 存在 $\boldsymbol{x},\boldsymbol{x}'\in\boldsymbol{\Sigma}_k$，这样 $\boldsymbol{y}=\boldsymbol{Ax}=\boldsymbol{Ax}'$。因此，$\boldsymbol{A}(\boldsymbol{x}-\boldsymbol{x}')=\boldsymbol{0}$，令 $\boldsymbol{h}=\boldsymbol{x}-\boldsymbol{x}'$，则有 $\boldsymbol{Ah}=\boldsymbol{0}$。由于 spark$(\boldsymbol{A})>2k$，矩阵 $\boldsymbol{A}$ 的 $2k$ 列向量组成的集合都是线性独立的，故有 $\boldsymbol{h}=\boldsymbol{0}$，反过来意味着 $\boldsymbol{x}=\boldsymbol{x}'$，定理得证。

易见，spark$(\boldsymbol{A})\in[2,m+1]$。根据定理 2.1，要求 $m\geqslant 2k$。当处理精确稀疏向量时，对于何时可能进行稀疏恢复，spark 提供了一个完整的表征。然而，当处理近似稀疏的信号时，必须考虑对矩阵 $\boldsymbol{A}$ 的零空间做更严格的限制条件[3]，必须确保 $\mathcal{N}(\boldsymbol{A})$ 除了包含稀疏向量外，不能包含任何可压缩的向量。

定义如下符号：设 $\Lambda\subset\{1,2,\cdots,n\}$ 是索引子集，并设 $\Lambda^c=\{1,2,\cdots,n\}\setminus\Lambda$；$\boldsymbol{x}_\Lambda$ 是将 $\boldsymbol{x}$ 中由 Λ^c 索引的元素设置为 0 时得到的向量，长度为 n；$\boldsymbol{A}_\Lambda$ 是将矩阵 $\boldsymbol{A}$ 中由 Λ 索引的列设置为 $\boldsymbol{0}$ 时得到的 $m\times n$ 矩阵。

定义 2.2　如果存在一个常数 $C>0$，使得

$$\|\boldsymbol{h}_\Lambda\|_2\leqslant C\frac{\|\boldsymbol{h}_{\Lambda^c}\|_1}{\sqrt{k}}\tag{2.3}$$

对所有 $\boldsymbol{h}\in\mathcal{N}(\boldsymbol{A})$ 和所有 Λ, $|\Lambda|\leqslant k$ 都成立，则称矩阵 $\boldsymbol{A}$ 满足 k 阶零空间特性(null space property，NSP)[1]。

NSP 的定义表明，矩阵 $\boldsymbol{A}$ 的零空间中的向量不应过于集中在一小部分索引子集上。例如，如果向量 $\boldsymbol{h}$ 是 k-稀疏的，则存在一个 Λ，使得 $\|\boldsymbol{h}_{\Lambda^c}\|_1=0$。由式(2.3)可得，$\boldsymbol{h}_\Lambda=\boldsymbol{0}$。因此，如果矩阵 $\boldsymbol{A}$ 满足 NSP，则 $\mathcal{N}(\boldsymbol{A})$ 中唯一的 k-稀疏向量是 $\boldsymbol{h}=\boldsymbol{0}$。

为了充分说明 NSP 在稀疏恢复背景下的含义，现在简要讨论在处理一般非稀疏信号 $\boldsymbol{x}$ 时如何衡量稀疏恢复算法的性能。为此，用 $\Delta:\mathbb{R}^m\to\mathbb{R}^n$ 表示特定的恢复算法，它确保下式对所有 $\boldsymbol{x}$ 都成立：

$$\|\Delta(\boldsymbol{Ax})-\boldsymbol{x}\|_2\leqslant C\frac{\sigma_k(\boldsymbol{x})_1}{\sqrt{k}}\tag{2.4}$$

其中，$\sigma_k(\boldsymbol{x})_1$ 的定义见式(1.8)。式(2.4)保证了精确恢复所有可能的 k-稀疏信号，也确保了对非稀疏信号有一定程度的鲁棒性，这取决于 k-稀疏向量逼近信号的程度。同时，式(2.4)确保了稀疏恢复算法对 $\boldsymbol{x}$ 的每个实例均具有最优性能，称为实例最优保证(instance-optimal guarantees)[3]，也称为一致保证(uniform guarantees)，因为它们对所有的 $\boldsymbol{x}$ 都是一致的。式(2.4)代表了所能获得的最佳保证。

定理 2.2 用 $\boldsymbol{A}:\mathbb{R}^n \to \mathbb{R}^m$ 表示感知矩阵，$\Delta:\mathbb{R}^m \to \mathbb{R}^n$ 表示任意的恢复算法。如果 $(\boldsymbol{A},\Delta)$ 满足式(2.4)，则 $\boldsymbol{A}$ 满足 $2k$ 阶的 NSP[3]。

证明从略。定理 2.2 说明，如果存在任何满足式(2.4)的恢复算法，那么 $\boldsymbol{A}$ 就必须满足 $2k$ 阶的 NSP。也就是说，$2k$ 阶的 NSP 足以为一个实际的恢复算法(ℓ_1 最小化)建立形如式(2.4)的保证。

2.2.2 约束等距性

虽然NSP对于建立形如式(2.4)的保证是必要和充分的，但这些保证并没有考虑到噪声。当测量值受噪声污染或受到诸如量化误差破坏时，可以考虑一些更强的条件。在本章文献[4]中，Candes 和 Tao 对矩阵 $\boldsymbol{A}$ 引入了以下等距条件，并确立了其在 CS 中的重要作用。

定义 2.3[1] 如果存在一个常数 $\delta_k \in (0,1)$，使得

$$\left\|(1-\delta_k)\boldsymbol{x}\right\|_2^2 \leqslant \left\|\boldsymbol{A}\boldsymbol{x}\right\|_2^2 \leqslant \left\|(1+\delta_k)\boldsymbol{x}\right\|_2^2 \tag{2.5}$$

对所有 $\boldsymbol{x} \in \boldsymbol{\Sigma}_k$ 都成立，则矩阵 $\boldsymbol{A}$ 满足约束等距性(restricted isometry property，RIP)。

如果矩阵 $\boldsymbol{A}$ 满足 $2k$ 阶 RIP，则可以将式(2.5)解释为，$\boldsymbol{A}$ 近似地保留了任意一对 k-稀疏向量之间的距离，这对于噪声的鲁棒性具有根本性意义。此外，这种稳定嵌入(stable embedding)的潜在应用范围远远超出了采样信号恢复。值得注意的是，虽然在 RIP 的定义中，假设了关于 1 对称的边界，但这只是为了符号上的方便。在实际应用中，可以考虑任意的边界，即

$$\left\|\alpha\boldsymbol{x}\right\|_2^2 \leqslant \left\|\boldsymbol{A}\boldsymbol{x}\right\|_2^2 \leqslant \left\|\beta\boldsymbol{x}\right\|_2^2 \tag{2.6}$$

其中，$0<\alpha\leqslant\beta<\infty$。对于任何这样的边界，总是可以对 $\boldsymbol{A}$ 进行缩放，使它满足式(2.5)中关于 1 对称的边界。具体来说，将 $\boldsymbol{A}$ 乘以 $\sqrt{2/(\beta+\alpha)}$，将得到一个满足式(2.5)的矩阵 $\tilde{\boldsymbol{A}}$，常数 $\delta_k=(\beta-\alpha)/(\beta+\alpha)$。如果 $\boldsymbol{A}$ 满足具有常数 δ_k 的 k 阶 RIP，那么，对于任何 $k'<k$，$\boldsymbol{A}$ 自动满足具有常数 $\delta_{k'}\leqslant\delta_k$ 的 k' 阶 RIP。此外，本章文献[5]已经证明，如果 $\boldsymbol{A}$ 以足够小的常数满足 k 阶 RIP，那么对于某个 γ，$\boldsymbol{A}$ 也会自动满足 γk 阶 RIP。

引理 2.1[1] 设 γ 为正整数，若 $\boldsymbol{A}$ 满足常数为 δ_k 的 k 阶 RIP，则 $\boldsymbol{A}$ 满足常数为 $\delta_{k'}<\gamma\delta_k$ 的 $k'=\gamma\cdot\left\lfloor\dfrac{k}{2}\right\rfloor$ 阶 RIP。这里，$\lfloor\cdot\rfloor$ 表示向下取整算符(floor operator)。

该引理对于 $\gamma=1,2$ 是平凡的，但对于 $\gamma\geqslant 3$，同时 $k\geqslant 4$，它允许从 k 阶的 RIP 扩展到更高阶。但请注意，δ_k 必须足够小，所得到的边界才有用。

1. RIP 与稳定性

如果一个矩阵 $\boldsymbol{A}$ 满足 RIP 条件，它就足以使各种算法能够从噪声测量中成功地恢复稀疏信号。然而，需要仔细研究 RIP 条件是否真的必要。从下面的稳定性概念出发，可以说明 RIP 的必要性。

定义 2.4[1]　用 $\boldsymbol{A}:\mathbb{R}^n \to \mathbb{R}^m$ 表示感知矩阵，$\Delta:\mathbb{R}^m \to \mathbb{R}^n$ 表示任意的恢复算法。如果对于任意 $\boldsymbol{x}\in\boldsymbol{\Sigma}_k$ 和任意 $\boldsymbol{e}\in\mathbb{R}^m$，不等式：

$$\left\|\Delta\left(\boldsymbol{Ax}+\boldsymbol{e}\right)-\boldsymbol{x}\right\|_2 \leqslant C\left\|\boldsymbol{e}\right\|_2$$

成立，则称 $(\boldsymbol{A},\Delta)$ 对是 C-稳定的。

上述定义说明，如果测量值中存在少量噪声，对信号恢复的影响不应该任意大。下面的定理证明，可从噪声测量中稳定恢复信号的任何算法(可能不切实际)的存在都需要 $\boldsymbol{A}$ 满足式(2.5)中由常数 C 确定的下界。

定理 2.3[6]　如果 $(\boldsymbol{A},\Delta)$ 对是 C-稳定的，则对于所有 $\boldsymbol{x}\in\boldsymbol{\Sigma}_{2k}$，有

$$\frac{1}{C}\left\|\boldsymbol{x}\right\|_2 \leqslant \left\|\boldsymbol{Ax}\right\|_2 \tag{2.7}$$

证明：取任意两个向量 $\boldsymbol{x},\boldsymbol{z}\in\boldsymbol{\Sigma}_k$，定义：

$$\boldsymbol{e}_x=\frac{\boldsymbol{A}(\boldsymbol{z}-\boldsymbol{x})}{2},\boldsymbol{e}_z=\frac{\boldsymbol{A}(\boldsymbol{x}-\boldsymbol{z})}{2}$$

由此可得

$$\boldsymbol{Ax}+\boldsymbol{e}_x=\boldsymbol{Az}+\boldsymbol{e}_z=\frac{\boldsymbol{A}(\boldsymbol{x}+\boldsymbol{z})}{2}$$

令 $\hat{\boldsymbol{x}}=\Delta(\boldsymbol{Ax}+\boldsymbol{e}_x)=\Delta(\boldsymbol{Az}+\boldsymbol{e}_z)$，根据三角不等式和 C-稳定的定义，有

$$\begin{aligned}\left\|\boldsymbol{x}-\boldsymbol{z}\right\|_2&=\left\|\boldsymbol{x}-\hat{\boldsymbol{x}}+\hat{\boldsymbol{x}}-\boldsymbol{z}\right\|_2\\&\leqslant\left\|\boldsymbol{x}-\hat{\boldsymbol{x}}\right\|_2+\left\|\hat{\boldsymbol{x}}-\boldsymbol{z}\right\|_2\\&\leqslant C\left\|\boldsymbol{e}_x\right\|_2+C\left\|\boldsymbol{e}_z\right\|_2\\&\leqslant C\left\|\boldsymbol{Ax}-\boldsymbol{Az}\right\|_2\end{aligned}$$

这对任意向量 $\boldsymbol{x},\boldsymbol{z}\in\boldsymbol{\Sigma}_k$ 都成立，结果得证。

注意到，当 $C\to1$ 时，$\boldsymbol{A}$ 必须满足于式(2.5)确定的下界，常数 $\delta_k=1-1/C^2\to0$。因此，如果要减小恢复信号中噪声的影响，则必须调整 $\boldsymbol{A}$，使其以更紧的常数满足式(2.5)的下界。

理论上，由于上界不是必需的，可以通过调整 $\boldsymbol{A}$ 来避免重新设计 $\boldsymbol{A}$，只要 $\boldsymbol{A}$ 满足 $\delta_{2k}<1$ 的 RIP，对任意常数 C，缩放矩阵 $\alpha\boldsymbol{A}$ 将满足式(2.7)。在噪声大小与 $\boldsymbol{A}$ 的选择无关的情况下，缩放 $\boldsymbol{A}$ 基本上是在调整测量值的信号部分增益，如果增益不影响噪声，那么，可以实现任意高的信噪比，最终噪声与信号相比可以忽略不计。但在实际应用中，通常不能将 $\boldsymbol{A}$ 重新调整为任意大。此外，在许多实际情况下，噪声并不独立于 $\boldsymbol{A}$。例如，噪声向量 $\boldsymbol{e}$ 表示由具有 B 比特有限动态范围量化器产生的量化噪声。假设测量值在区间$[-T,T]$内，如果通过 α 重新缩放 $\boldsymbol{A}$，那么测量值介于$[-\alpha T,\alpha T]$之间，必须通过 α 来缩放量化器的动态范围。这样，量化误差是 $\alpha\boldsymbol{e}$，重构误差并没有减小。

2. 测量边界

现在考虑需要多少个测量值才能达到 RIP 条件。如果忽略δ的影响，只关注问题的维度(n、m 和 k)，那么可以建立一个简单的下界。

定理 2.4[6] 设 $n\times m$ 矩阵 $\boldsymbol{A}$ 满足 $2k$ 阶 RIP，常数 $\delta_k \in (0,1/2)$，则

$$m \geqslant Ck\lg\left(\frac{n}{k}\right) \tag{2.8}$$

其中，$C=\frac{1}{2}\lg(\sqrt{24}+1)\approx 0.3854$。

注意，限制 $\delta \leqslant 1/2$ 仅仅是为了方便。对参数进行小小的修改，即可建立边界 $\delta \leqslant \delta_{\max}$，$\delta_{\max}<1$。

直接证明上述定理并不容易，可以通过检查ℓ_1范数球的盖尔范德宽度(Gelfand width)来建立一个类似的结果(依赖于 n 和 k)[7]。然而，这个结果和定理 2.4 都未能刻画 m 对期望的 RIP 常数 δ 的精确依赖关系。为了量化这种依赖关系，可以利用约翰逊-林登斯特劳斯(Johnson-Lindenstrauss)引理的结果，它与低维空间中有限点集的嵌入有关[8]。本章文献[9]证明，如果给定一个包含 p 个点的点云，要将这些点嵌入 $\mathbb{R}^m$ 中，以保持任何一对点之间的 ℓ_2 距离平方，最多相差一个系数$1\pm\varepsilon$，则必有

$$m \geqslant \frac{c_0\lg(p)}{\varepsilon^2} \tag{2.9}$$

其中，常数 $c_0>0$。

Johnson-Lindenstrauss 引理与 RIP 密切相关。本章文献[10]证明，任何可用于为点云生成线性、距离保持嵌入的过程，也可用于构造满足 RIP 的矩阵。此外，本章文献[11]证明，如果矩阵 $\boldsymbol{A}$ 满足常数为 δ 的 $k=c_1\lg(p)$阶 RIP，则 $\boldsymbol{A}$ 可以用于构建 p 个点的距离保持嵌入，$\varepsilon=\delta/4$。综合起来可以得到：

$$m \geqslant \frac{c_1\lg(p)}{\varepsilon^2}=\frac{16c_0k}{c_1\delta^2} \tag{2.10}$$

因此，对于非常小的δ，确保 $\boldsymbol{A}$ 满足 k 阶 RIP 所需的测量数将与 k/δ^2 成正比，k/δ^2 可能明显比 $k\lg(n/k)$要大得多。

3. RIP 和 NSP 之间的关系

下面将证明，如果一个矩阵满足 RIP，那么它也满足 NSP。因此，严格来说，RIP 条件比 NSP 更强。

定理 2.5[1] 假设 $\boldsymbol{A}$ 满足 $2k$ 阶 RIP，常数 $\delta_{2k}<\sqrt{2}-1$，则 $\boldsymbol{A}$ 满足 $2k$ 阶 NSP，常数

$$C=\frac{\sqrt{2}\delta_{2k}}{1-(1+\sqrt{2})\delta_{2k}} \tag{2.11}$$

该定理的证明涉及两个有用的引理。

引理 2.2[1] 假设 $\boldsymbol{u}\in\boldsymbol{\Sigma}_k$，则

$$\frac{\|\boldsymbol{u}\|_1}{\sqrt{k}} \leqslant \|\boldsymbol{u}\|_2 \leqslant \sqrt{k}\,\|\boldsymbol{u}\|_\infty \tag{2.12}$$

证明：对任意向量 $\boldsymbol{u}$，有 $\|\boldsymbol{u}\|_1 = |\langle \boldsymbol{u}, \operatorname{sgn}(\boldsymbol{u})\rangle|$。利用柯西-施瓦茨(Cauchy -Schwarz)不等式，可得 $\|\boldsymbol{u}\|_1 \leqslant \|\boldsymbol{u}\|_2 \cdot \|\operatorname{sgn}(\boldsymbol{u})\|_2$。由于 sgn($\boldsymbol{u}$)恰好有 k 个非零项，全部等于±1，因此 $\|\operatorname{sgn}(\boldsymbol{u})\|_2 = \sqrt{k}$，从而可得式(2.12)的下界。可以看到，$\boldsymbol{u}$ 的 k 个非零项中每个都以 $\|\operatorname{sgn}(\boldsymbol{u})\|_\infty$ 为上界，由此可得式(2.12)的上界。

下面是证明定理 2.5 所需要的第二个关键引理。该结果是适用于任意向量 $\boldsymbol{h}$ 的一般结果，而不仅仅适用于向量 $\boldsymbol{h} \in \mathcal{N}(\boldsymbol{A})$。应该清楚的是，当确实存在 $\boldsymbol{h} \in \mathcal{N}(\boldsymbol{A})$ 时，这个结果可以大大简化。

引理 2.3[1]　假设 $\boldsymbol{A}$ 满足 $2k$ 阶 RIP，$\boldsymbol{h}$ 为任意向量，$\boldsymbol{h} \in \mathbb{R}^n$，$\boldsymbol{h} \neq 0$。设 Λ_0 为集合 $\{1,2,\cdots,n\}$ 的任意子集，且 $|\Lambda_0| \leqslant k$。定义 Λ_1 为对应 $\boldsymbol{h}_{\Lambda_0^c}$ 中幅度最大的 k 项的索引集合，$\Lambda = \Lambda_0 \cup \Lambda_1$。则

$$\|\boldsymbol{h}_\Lambda\|_2 \leqslant \alpha \frac{\left\|\boldsymbol{h}_{\Lambda_0^c}\right\|_1}{\sqrt{k}} + \beta \frac{|\langle \boldsymbol{A}\boldsymbol{h}_\Lambda, \boldsymbol{A}\boldsymbol{h}\rangle|}{\|\boldsymbol{h}_\Lambda\|_2} \tag{2.13}$$

其中，$\alpha = \dfrac{\sqrt{2}\delta_{2k}}{1-\delta_{2k}}, \beta = \dfrac{1}{1-\delta_{2k}}$。

引理 2.3 适用于任意向量 $\boldsymbol{h}$。为了证明下面的定理，只需将引理 2.3 用于 $\boldsymbol{h} \in \mathcal{N}(\boldsymbol{A})$ 的情况。

定理 2.5 的证明：假设 $\boldsymbol{h} \in \mathcal{N}(\boldsymbol{A})$，只要证明

$$\|\boldsymbol{h}_\Lambda\|_2 \leqslant C \frac{\left\|\boldsymbol{h}_{\Lambda_0^c}\right\|_1}{\sqrt{k}} \tag{2.14}$$

成立就足够了，其中，Λ 是与 $\boldsymbol{h}$ 的 $2k$ 个最大项对应的索引集。这样，可以将 Λ_0 作为 $\boldsymbol{h}$ 的 k 个最大项对应的索引集，并应用引理 2.3。由于 $\boldsymbol{A}\boldsymbol{h} = \boldsymbol{0}$，式(2.13)中不等号右边的第二项消失了，因此有

$$\|\boldsymbol{h}_\Lambda\|_2 \leqslant \alpha \frac{\left\|\boldsymbol{h}_{\Lambda_0^c}\right\|_1}{\sqrt{k}}$$

利用引理 2.3，可得

$$\left\|\boldsymbol{h}_{\Lambda_0^c}\right\|_1 = \left\|\boldsymbol{h}_{\Lambda_1}\right\|_1 + \left\|\boldsymbol{h}_{\Lambda^c}\right\|_1 \leqslant \sqrt{k}\left\|\boldsymbol{h}_{\Lambda_1}\right\|_2 + \left\|\boldsymbol{h}_{\Lambda^c}\right\|_1$$

从而有

$$\|\boldsymbol{h}_\Lambda\|_2 \leqslant \alpha \left(\left\|\boldsymbol{h}_{\Lambda_1}\right\|_2 + \frac{\left\|\boldsymbol{h}_{\Lambda_0^c}\right\|_1}{\sqrt{k}} \right)$$

由于 $\left\|\boldsymbol{h}_{\Lambda_1}\right\|_2 \leqslant \|\boldsymbol{h}_\Lambda\|_2$，可得

$$(1-\alpha)\|\boldsymbol{h}_\Lambda\|_2 \leqslant \alpha \frac{\left\|\boldsymbol{h}_{\Lambda_0^c}\right\|_1}{\sqrt{k}}$$

$\delta_{2k} < \sqrt{2}-1$ 可确保 $\alpha < 1$，因此，上式两边除以 $1-\alpha$ 不改变不等式的方向，即可得

式(2.14)，其中常数：

$$C = \frac{\alpha}{1-\alpha} = \frac{\sqrt{2}\delta_{2k}}{1-\left(1+\sqrt{2}\right)\delta_{2k}}$$

定理得证。

2.2.3 相干性

虽然 spark、NSP 和 RIP 都为 k-稀疏信号的恢复提供了保证，但要验证矩阵 $\boldsymbol{A}$ 是否满足其中任何一个特性，都需要组合计算的复杂度，因为在每一种情况下，都必须考虑 $\binom{n}{k}$ 个子矩阵。在许多情况下，最好使用易于计算的矩阵 $\boldsymbol{A}$ 的性质来提供更具体的恢复保证，矩阵的相干性(coherence)就是这样一个性质[2,12]。

定义 2.5[1] 矩阵 $\boldsymbol{A}$ 的相干性，记为 $\mu(\boldsymbol{A})$，定义为 $\boldsymbol{A}$ 的任意两列 $\boldsymbol{a}_i,\boldsymbol{a}_j$ 的内积绝对值的最大值：

$$\mu(\boldsymbol{A}) = \max_{1\leqslant i<j\leqslant n} \frac{\left|\left\langle \boldsymbol{a}_i,\boldsymbol{a}_j \right\rangle\right|}{\left\|\boldsymbol{a}_i\right\|_2 \left\|\boldsymbol{a}_j\right\|_2} \tag{2.15}$$

可以证明，一个矩阵的相干性 $\mu(\boldsymbol{A})$ 总是在 $\left[\sqrt{\frac{n-m}{m(n-1)}},1\right]$ 范围内，这个下界称为韦尔奇界(Welch bound)[13-15]。当 $n \gg m$ 时，下界近似为 $\mu(\boldsymbol{A}) \geqslant 1/\sqrt{m}$。

有时还可以将一致性与 spark、NSP 和 RIP 联系起来。例如，利用盖尔斯哥利(Gershgorin)圆盘定理，可以将矩阵的相干性和 spark 性质联系起来[16,17]。

定理 2[redacted]6] 设 $\boldsymbol{M}$ 为 $n\times m$ 矩阵，矩阵元素为 $m_{ij}(1\leqslant i,\ j\leqslant n)$。$\boldsymbol{M}$ 的特征值位于 n 个圆盘的并集[redacted] $d_i = d_i(c_i,c_r), 1\leqslant i\leqslant n$，圆盘中心位于 $c_i = m_{ii}$，半径为 $r_i = \sum_{j\neq i}\left|m_{ij}\right|$。

将上述定[redacted]用于格拉姆(Gram)矩阵 $\boldsymbol{G} = \boldsymbol{A}_\Lambda^{\mathrm{T}}\boldsymbol{A}_\Lambda$，可得如下结果。

引理 2.4[1[redacted]对任意矩阵 $\boldsymbol{A}$，有

$$\operatorname{spark}(\boldsymbol{A}) \geqslant 1 + \frac{1}{\mu(\boldsymbol{A})} \tag{2.16}$$

证明： 由于 sp[redacted]k$(\boldsymbol{A})$ 与 $\boldsymbol{A}$ 的列缩放无关[redacted]列具有单位范数。令[redacted] p，它确定了一组索引。考虑受限 Gram 矩阵 $\boldsymbol{G} = \boldsymbol{A}\Lambda^{\mathrm{T}}\Lambda$，它满足如下性质：

(1) $g_{ii} = 1,\ 1\leqslant i\leqslant p$。

(2) $\left|g_{ij}\right| \leqslant \mu(\boldsymbol{A}),\ 1\leqslant i,\ j\leqslant p,\ i\neq j$。

由定理 2.6 可知，如果 $\sum_{j\neq i}\left|g_{ij}\right| < g_{ii}$，则矩阵 $\boldsymbol{G}$ 是正定的，也就是说，矩阵 $\boldsymbol{A}_\Lambda$ 的列是线性独立的。对所有 $p<\operatorname{spark}(\boldsymbol{A})$，有 $(p-1)\mu(\boldsymbol{A})<1$，也就是 $p<1+1/\mu(\boldsymbol{A})$，从而可得 $\operatorname{spark}(\boldsymbol{A}) \geqslant 1+1/\mu(\boldsymbol{A})$。

将定理 2.1 与引理 2.4 结合，可以对 $\boldsymbol{A}$ 提出如下条件，保证其唯一性。

定理 2.7[2]　如果

$$k < \frac{1}{2}\left(1 + \frac{1}{\mu(\boldsymbol{A})}\right) \tag{2.17}$$

则对每一个测量向量 $\boldsymbol{y} \in \mathbb{R}^m$，最多存在一个信号 $\boldsymbol{x} \in \boldsymbol{\Sigma}_x$，使得 $\boldsymbol{y} = \boldsymbol{A}\boldsymbol{x}$。

将定理 2.7 与韦尔奇界结合，可得稀疏度 k 的上界，利用相干性保证其唯一性：$k = O\left(\sqrt{m}\right)$。Gershgorin 圆盘定理（定理 2.6）的另一个直接应用是将 RIP 与相干性联系起来。

引理 2.5[1]　如果矩阵 $\boldsymbol{A}$ 的列具有单位范数，相干性 $\mu = \mu(\boldsymbol{A})$，则对所有 $k<1/\mu$，$\boldsymbol{A}$ 满足 k 阶 RIP，常数 $\delta = (k-1)\mu$。

该引理的证明与引理 2.4 的证明类似。

2.2.4　感知矩阵的构建

前面定义了矩阵 $\boldsymbol{A}$ 的相关性质，下面讨论如何构造满足这些性质的矩阵。已经证明，由 m 个不同标量构造的范德蒙德（Vandermonde）矩阵 $\boldsymbol{V}$ 具有 spark（$\boldsymbol{V}$）=m+1[3]。但遗憾的是，当 n 很大时，矩阵 $\boldsymbol{V}$ 是病态的，导致恢复问题的数值不稳定。同样，已知存在 $m \times m^2$ 矩阵 $\boldsymbol{A}$ 可实现相干下界 $\mu(\boldsymbol{A}) = 1/\sqrt{m}$。如，由 [illegible]序列[18]生成[illegible]帧和更一般的等角紧帧[14]。这些结构限制了恢复 k-稀疏信号所需的测量数量 $m = O(k^2 \lg n)$。[illegible]以确定性地构造满足 k 阶 RIP 的 $m \times n$ 矩阵，但这种构造需要相对较大的 m 值[19-22]。例如，在本章文献[20]中的构造需要 $m = O(k^2 \lg n)$，而在本章文献[22]中的构造需要 $m = O(kn^\alpha)$，α 是某个常数。在许多实际情况下，上述结果将导致 m 大到难以接受。

幸运的是，通过随机化矩阵构造可以克服上述问题。例如，大小为 $m \times n$ 的随机矩阵 $\boldsymbol{A}$，其元素满足独立同分布（independent and identically distributed，IID）的连续分布，spark（$\boldsymbol{A}$）=m+1 的概率为 1。更重要的是，如果根据高斯、伯努利或更一般的任意亚高斯分布选择矩阵元素，随机矩阵满足 RIP 条件的概率很高。可以证明，如果根据亚高斯分布来选择矩阵 $\boldsymbol{A}$，且 $m = O\left(k \lg(n/k)/\delta_{2k}^2\right)$，则 $\boldsymbol{A}$ 满足 $2k$ 阶 RIP 的概率至少为 $1 - 2\mathrm{e}^{-c_1\delta^2 m}$。根据 2.2.2 节中的测量边界，最佳的测量数是一个常数。由定理 2.5 可知，随机构造的矩阵满足 NSP。此外，还可以证明，构造随机矩阵使用的概率分布具有零均值和有限方差时，随着 m 和 n 的增长，相干性渐进收敛于 $\mu(\boldsymbol{A}) = \sqrt{(2\lg n)/m}$[23-25]。

使用随机矩阵来构造 $\boldsymbol{A}$ 还有另外的好处。重点关注 RIP 条件。首先，可以证明，对于随机构造矩阵，可用任何足够大的测量值子集来恢复信号[26,27]。因此，使用随机矩阵 $\boldsymbol{A}$，信号重构对小部分测量值的缺失或污染具有鲁棒性。其次，更重要的是，在实际应用中，通常更感兴趣的是信号 $\boldsymbol{x}$ 对于某个基 $\boldsymbol{\Phi}$ 是稀疏的情形。在这种情况下，实际要求的是 $\boldsymbol{A\Phi}$ 满足 RIP 条件。如果构造确定性矩阵，则需要在 $\boldsymbol{A}$ 的构造中明确地考虑 $\boldsymbol{\Phi}$，但当随机选择 $\boldsymbol{A}$ 时，可以不考虑 $\boldsymbol{\Phi}$。例如，如果根据高斯分布选择 $\boldsymbol{A}$，并且 $\boldsymbol{\Phi}$ 为正交基，那么很容易证明 $\boldsymbol{A\Phi}$ 也具有高斯分布。所以，如果 m 足够大，$\boldsymbol{A\Phi}$ 将以高概率满足 RIP 条件。类似的结果对亚高斯分布也成立[10]。这一特性具有普适性，它成为使用随机矩阵构造 $\boldsymbol{A}$ 的一个显著优势。

由于完全随机的矩阵构造方法有时在硬件中是难以实现的，为了能够在实际应用中获得随机测量，目前已经实现或提出了一些硬件架构。例如，随机解调器(random demodulator，RD)[28]、随机滤波(random filtering)[29]、调制宽带转换器(modulated wideband converter，MWC)[30]、随机卷积(random convolution)[31]和压缩多路复用器(compressive multiplexer)[32]。这些架构通常使用较少的随机性，通过矩阵 $\boldsymbol{A}$ 进行建模，比完全随机矩阵具有更多的结构。虽然它通常不像在完全随机的情况下那么容易，但可以证明，其中许多结构也满足 RIP 或具有低相干性。此外，还可以分析由系统实现的矩阵 $\boldsymbol{A}$ 不准确带来的影响[33,34]；在最简单的情况下，这种感知矩阵误差可以通过系统校准来解决。

2.3 通过 ℓ_1 最小化实现信号恢复

现有多种方法可以从少量的线性测量中恢复稀疏信号 $\boldsymbol{x}$，首先考虑解决稀疏恢复问题的第一种方法。

给定测量值 $\boldsymbol{y}$，已知原始信号 $\boldsymbol{x}$ 是稀疏的或可压缩的，可以尝试通过求解如下形式的优化问题来恢复 $\boldsymbol{x}$：

$$\hat{\boldsymbol{x}} = \arg\max_{z} \|z\|_0, \quad \text{subject to } z \in \mathcal{B}(\boldsymbol{y}) \tag{2.18}$$

其中，$\mathcal{B}(\boldsymbol{y})$ 确保 $\hat{x}$ 与测量值 $\boldsymbol{y}$ 一致。例如，在测量值精确且无噪声的情况下，可以设置 $\mathcal{B}(\boldsymbol{y}) = \{z : \boldsymbol{A}z = \boldsymbol{y}\}$。当测量值受少量有界噪声污染时，可以考虑 $\mathcal{B}(\boldsymbol{y}) = \{z : \|\boldsymbol{A}z - \boldsymbol{y}\|_2 \leqslant \varepsilon\}$。在这两种情况下，根据式(2.18)都能找到与测量值 $\boldsymbol{y}$ 一致的最稀疏信号 $\boldsymbol{x}$。

在式(2.18)中，假设 $\boldsymbol{x}$ 本身是稀疏的。更常见的情况是 $\boldsymbol{x} = \boldsymbol{\Phi c}$，此时可以对优化问题进行修改，比如，考虑

$$\hat{\boldsymbol{c}} = \arg\max_{z} \|z\|_0, \quad \text{subject to } z \in \mathcal{B}(\boldsymbol{y}) \tag{2.19}$$

其中，$\mathcal{B}(\boldsymbol{y}) = \{z : \boldsymbol{A}z = \boldsymbol{y}\}$ 或 $\mathcal{B}(\boldsymbol{y}) = \{z : \|\boldsymbol{A}z - \boldsymbol{y}\|_2 \leqslant \varepsilon\}$。考虑到 $\tilde{\boldsymbol{A}} = \boldsymbol{A\Phi}$，可见式(2.18)和式(2.19)基本上是相同的。此外，在许多情况下，为了使 $\tilde{\boldsymbol{A}}$ 满足所需的特性，$\boldsymbol{\Phi}$ 的引入并不会使矩阵 $\boldsymbol{A}$ 的构造显著复杂化，因此可设 $\boldsymbol{\Phi} = \boldsymbol{I}$。

由于目标函数 $\|\bullet\|_0$ 是非凸的，因此，式(2.18)可能很难求解。已经证明，对于一般的矩阵 $\boldsymbol{A}$，即使要找到真实最小值的一个近似解也是 NP(non-deterministic polynomially，非确定性多项式)难的问题[35]。将上述难以求解的问题转化为更容易处理的问题，一种方法是用凸近似 $\|\bullet\|_1$ 代替 $\|\bullet\|_0$。具体来说，考虑

$$\hat{\boldsymbol{x}} = \arg\max_{z} \|z\|_1, \quad \text{subject to } z \in \mathcal{B}(\boldsymbol{y}) \tag{2.20}$$

如果 $\mathcal{B}(\boldsymbol{y})$ 是凸的，则式(2.20)是可计算的。事实上，当 $\mathcal{B}(\boldsymbol{y}) = \{z : \boldsymbol{A}z = \boldsymbol{y}\}$ 时，式(2.20)可以作为一个线性规划问题来求解[36]，这是一种容易计算的稀疏信号恢复方法。下面首先从理论上分析 ℓ_1 最小化，然后再讨论最小化算法。

2.3.1　无噪声信号的恢复

针对 $\mathcal{B}(\boldsymbol{y})$ 的各种特定选择，为了分析 ℓ_1 最小化算法，在引理 2.3 的基础上，首先给出如下一般结果。

引理 2.6[1]　假设 $\boldsymbol{A}$ 满足 $2k$ 阶 RIP，$\delta_{2k}<\sqrt{2}-1$。给定 $\boldsymbol{x},\hat{\boldsymbol{x}}\in\mathbb{R}^n$，并定义 $\boldsymbol{h}=\hat{\boldsymbol{x}}-\boldsymbol{x}$。设 Λ_0 表示 $\boldsymbol{x}$ 中幅度最大的 k 个元素对应的索引集合，Λ_1 表示 $\boldsymbol{h}_{\Lambda_0^c}$ 中幅度最大的 k 个元素对应的索引集合，$\Lambda=\Lambda_0\cup\Lambda_1$。如果 $\|\hat{\boldsymbol{x}}\|_1\leqslant\|\boldsymbol{x}\|_1$，则有

$$\|\boldsymbol{h}\|_2\leqslant C_0\frac{\sigma_k(\boldsymbol{x})_1}{\sqrt{k}}+C_1\frac{\left|\langle \boldsymbol{A}\boldsymbol{h}_\Lambda,\boldsymbol{A}\boldsymbol{h}\rangle\right|}{\|\boldsymbol{h}_\Lambda\|_2} \tag{2.21}$$

其中，$C_0=2\dfrac{1-(1-\sqrt{2})\delta_{2k}}{1-\left(1+\sqrt{2}\right)\delta_{2k}}$，$C_1=\dfrac{2}{1-\left(1+\sqrt{2}\right)\delta_{2k}}$。

结合满足 RIP 的测量矩阵 $\boldsymbol{A}$，引理 2.6 为式(2.20)描述的 ℓ_1 最小化算法建立了一个误差界。为了获得针对具体 $\mathcal{B}(\boldsymbol{y})$ 例子的误差界，须考察 $\hat{\boldsymbol{x}}\in\mathcal{B}(\boldsymbol{y})$ 是如何影响 $\langle \boldsymbol{A}\boldsymbol{h}_\Lambda,\boldsymbol{A}\boldsymbol{h}\rangle$ 的。对于无噪声测量值，有如下定理。

定理 2.8[37]　假设 $\boldsymbol{A}$ 满足 $2k$ 阶 RIP，$\delta_{2k}<\sqrt{2}-1$，已获得测量值 $\boldsymbol{y}=\boldsymbol{A}\boldsymbol{x}$。则当 $\mathcal{B}(\boldsymbol{y})=\{\boldsymbol{z}:\boldsymbol{A}\boldsymbol{z}=\boldsymbol{y}\}$ 时，式(2.20)的解 $\hat{\boldsymbol{x}}$ 满足

$$\|\hat{\boldsymbol{x}}-\boldsymbol{x}\|_2\leqslant C_0\frac{\sigma_k(\boldsymbol{x})_1}{\sqrt{k}} \tag{2.22}$$

证明： 由于 $\boldsymbol{x}\in\mathcal{B}(\boldsymbol{y})$，对于 $\boldsymbol{h}=\hat{\boldsymbol{x}}-\boldsymbol{x}$，利用引理 2.6 可得

$$\|\boldsymbol{h}\|_2\leqslant C_0\frac{\sigma_k(\boldsymbol{x})_1}{\sqrt{k}}+C_1\frac{\left|\langle \boldsymbol{A}\boldsymbol{h}_\Lambda,\boldsymbol{A}\boldsymbol{h}\rangle\right|}{\|\boldsymbol{h}_\Lambda\|_2}$$

此外，由于 $\boldsymbol{x},\hat{\boldsymbol{x}}\in\mathcal{B}(\boldsymbol{y})$，故有 $\boldsymbol{A}\boldsymbol{x}=\boldsymbol{A}\hat{\boldsymbol{x}}$，即 $\boldsymbol{A}\boldsymbol{h}=0$，因此，上述不等式右边的第二项等于零，定理得证。

考虑 $\boldsymbol{x}\in\boldsymbol{\Sigma}_k$ 的情况。如果 $\boldsymbol{A}$ 满足 RIP，只需 $O\left(k\lg(n/k)\right)$ 的测量值，就可以精确恢复任何 k-稀疏信号 $\boldsymbol{x}$。类似地，可以证明，如果 $\boldsymbol{A}$ 满足 NSP，那么它将服从与式(2.22)相同的误差界。

2.3.2　有噪声信号的恢复

从无噪声测量中完美地重建稀疏信号是非常有希望的。然而，在大多数实际系统中，测量结果可能受到某种形式的噪声污染。例如，为了在计算机中处理数据，必须用有限的比特数来表示测量值，因此测量值通常会出现量化误差。而且，用硬件实现的系统将受到各种与应用场景相关的不同类型噪声的影响。另一个重要的噪声源在信号本身上。在许多情况下，要估计的信号 $\boldsymbol{x}$ 被某种形式的随机噪声所污染，本章文献[6]、文献[38]和文献[39]分析了随机噪声对采样率的影响。

可以证明，在各种常见的噪声模型下，稳定地恢复稀疏信号是可能的[27,40-45]。可以预料，RIP 和相干性对于建立有噪声情况下的性能保证都是有用的。下面首先针对满足 RIP 的矩阵讨论鲁棒性，然后再讨论针对低相干性矩阵的结果。

1. 有界噪声

首先针对均匀有界噪声给出最坏情况下的性能的界。

定理 2.9[37] 假设 $\boldsymbol{A}$ 满足 $2k$ 阶 RIP，$\delta_{2k}<\sqrt{2}-1$，设 $\boldsymbol{y}=\boldsymbol{A}\boldsymbol{x}+\boldsymbol{e}$，$\|\boldsymbol{e}\|_2\leqslant\varepsilon$。则当 $\mathcal{B}(\boldsymbol{y})=\{\boldsymbol{z}:\|\boldsymbol{A}\boldsymbol{z}-\boldsymbol{y}\|_2\leqslant\varepsilon\}$ 时，式(2.20)的解 $\hat{\boldsymbol{x}}$ 满足

$$\|\hat{\boldsymbol{x}}-\boldsymbol{x}\|_2\leqslant C_0\frac{\sigma_k(\boldsymbol{x})_1}{\sqrt{k}}+C_2\varepsilon \tag{2.23}$$

其中，$C_0=2\dfrac{1-(1-\sqrt{2})\delta_{2k}}{1-\left(1+\sqrt{2}\right)\delta_{2k}}$，$C_2=4\dfrac{\sqrt{1+\delta_{2k}}}{1-\left(1+\sqrt{2}\right)\delta_{2k}}$。

证明：这里感兴趣的是 $\|\boldsymbol{h}\|_2=\|\hat{\boldsymbol{x}}-\boldsymbol{x}\|_2$ 的边界。由于 $\|\boldsymbol{e}\|_2\leqslant\varepsilon$，$\boldsymbol{x}\in\mathcal{B}(\boldsymbol{y})$，因此 $\|\hat{\boldsymbol{x}}\|_1\leqslant\|\boldsymbol{x}\|_1$。利用引理 2.6，剩下的就是求 $\langle\boldsymbol{A}\boldsymbol{h}_\Lambda,\boldsymbol{A}\boldsymbol{h}\rangle$ 的界。注意到

$$\|\boldsymbol{A}\boldsymbol{h}\|_2=\|\boldsymbol{A}(\hat{\boldsymbol{x}}-\boldsymbol{x})\|_2=\|\boldsymbol{A}\hat{\boldsymbol{x}}-\boldsymbol{y}+\boldsymbol{y}-\boldsymbol{A}\boldsymbol{x}\|_2\leqslant\|\boldsymbol{A}\hat{\boldsymbol{x}}-\boldsymbol{y}\|_2+\|\boldsymbol{y}-\boldsymbol{A}\boldsymbol{x}\|_2\leqslant 2\varepsilon$$

由于 $\boldsymbol{x},\hat{\boldsymbol{x}}\in\mathcal{B}(\boldsymbol{y})$，最后一个不等式成立。将上述结果与 RIP 及 Cauchy-Schwarz 不等式结合起来，得到：

$$|\langle\boldsymbol{A}\boldsymbol{h}_\Lambda,\boldsymbol{A}\boldsymbol{h}\rangle|\leqslant\|\boldsymbol{A}\boldsymbol{h}_\Lambda\|_2\cdot\|\boldsymbol{A}\boldsymbol{h}\|_2\leqslant 2\varepsilon\sqrt{1+\delta_{2k}}\cdot\|\boldsymbol{A}\boldsymbol{h}\|_2$$

因此，

$$\|\boldsymbol{h}\|_2\leqslant C_0\frac{\sigma_k(\boldsymbol{x})_1}{\sqrt{k}}+C_1 2\varepsilon\sqrt{1+\delta_{2k}}=C_0\frac{\sigma_k(\boldsymbol{x})_1}{\sqrt{k}}+C_2\varepsilon$$

定理得证。

考虑如下情况，如果碰巧已知非零系数的 k 个位置，并记作 Λ_0，如何恢复稀疏向量 $\boldsymbol{x}$，这种分析方法称为甲骨文估计器(Oracle estimator)。在这种情况下，一种自然的方法是使用一个简单的伪逆来重建信号：

$$\hat{\boldsymbol{x}}_{\Lambda_0}=\boldsymbol{A}_{\Lambda_0}^{\dagger}\boldsymbol{y}=\left(\boldsymbol{A}_{\Lambda_0}^{\mathrm{T}}\boldsymbol{A}_{\Lambda_0}\right)^{-1}\boldsymbol{A}_{\Lambda_0}^{\mathrm{T}}\boldsymbol{y},$$
$$\hat{\boldsymbol{x}}_{\Lambda_0^c}=0$$

在上述公式中隐含的假设是 $\boldsymbol{A}_{\Lambda_0}$ 具有全列秩，即我们考虑的情况是，$\boldsymbol{A}_{\Lambda_0}$ 是一个 $m\times k$ 的矩阵去掉由 $\boldsymbol{A}_0^c$ 索引的列。因此，方程 $\boldsymbol{y}=\boldsymbol{A}_{\Lambda_0}\boldsymbol{x}_{\Lambda_0}$ 有唯一解。采用上述方法，信号恢复误差为

$$\|\hat{\boldsymbol{x}}-\boldsymbol{x}\|_2=\left\|\left(\boldsymbol{A}_{\Lambda_0}^{\mathrm{T}}\boldsymbol{A}_{\Lambda_0}\right)^{-1}\boldsymbol{A}_{\Lambda_0}^{\mathrm{T}}(\boldsymbol{A}\boldsymbol{x}+\boldsymbol{e})-\boldsymbol{x}\right\|_2=\left\|\left(\boldsymbol{A}_{\Lambda_0}^{\mathrm{T}}\boldsymbol{A}_{\Lambda_0}\right)^{-1}\boldsymbol{A}_{\Lambda_0}^{\mathrm{T}}\boldsymbol{e}\right\|_2$$

现在考虑在最坏情况下这个误差的界。利用奇异值分解的标准性质，可以很简单地证明，如果 $\boldsymbol{A}$ 满足 $2k$ 阶的 RIP(常数为 δ_{2k})，那么 $\boldsymbol{A}_{\Lambda_0}$ 的最大奇异值位于 $\left[1/\sqrt{1+\delta_{2k}},1/\sqrt{1-\delta_{2k}}\right]$ 范围内。因此，如果考虑在满足 $\|\boldsymbol{e}\|_2\leqslant\varepsilon$ 的所有 $\boldsymbol{e}$ 上的最坏情况下的恢复误差，则恢复误差的界为

$$\frac{\varepsilon}{\sqrt{1+\delta_{2k}}} \leqslant \|\hat{\boldsymbol{x}}-\boldsymbol{x}\|_2 \leqslant \frac{\varepsilon}{\sqrt{1-\delta_{2k}}}$$

因此，在 $\boldsymbol{x}$ 恰好是 k-稀疏的情况下，$\boldsymbol{x}$ 的支撑区完全已知，伪逆恢复方法不能保证能改进定理 2.9 中的界。

现在考虑一个稍微不同的噪声模型。定理 2.9 假定噪声范数 $\|\boldsymbol{e}\|_2$ 很小，下面的定理分析了在 $\|\boldsymbol{A}^{\mathrm{T}}\boldsymbol{e}\|_\infty$ 很小的情况下的不同恢复算法，称为丹齐格(Dantzig)选择器[45]。利用该定理，可以对 Dantzig 选择器在高斯噪声中的性能进行简单的分析。

定理 2.10[1]　假设 $\boldsymbol{A}$ 满足 $2k$ 阶 RIP，$\delta_{2k}<\sqrt{2}-1$，测量值可以表示为 $\boldsymbol{y}=\boldsymbol{A}\boldsymbol{x}+\boldsymbol{e}$，$\|\boldsymbol{A}^{\mathrm{T}}\boldsymbol{e}\|_\infty \leqslant \lambda$。则当 $\mathcal{B}(\boldsymbol{y})=\{\boldsymbol{z}:\|\boldsymbol{A}^{\mathrm{T}}(\boldsymbol{A}\boldsymbol{z}-\boldsymbol{y})\|_\infty \leqslant \lambda\}$ 时，式(2.20)的解 $\hat{\boldsymbol{x}}$ 满足

$$\|\hat{\boldsymbol{x}}-\boldsymbol{x}\|_2 \leqslant C_0\frac{\sigma_k(\boldsymbol{x})_1}{\sqrt{k}}+C_3\sqrt{k}\lambda \tag{2.24}$$

其中，$C_0=2\dfrac{1-(1-\sqrt{2})\delta_{2k}}{1-\left(1+\sqrt{2}\right)\delta_{2k}}$，$C_3=\dfrac{4\sqrt{2}}{1-\left(1+\sqrt{2}\right)\delta_{2k}}$。定理 2.10 的证明与定理 2.9 的证明类似，这里不再赘述。

2. 高斯噪声

最后讨论上述方法在高斯噪声情况下的性能。本章文献[44]首次考虑了高斯噪声的情况，它检验了在噪声测量下 ℓ_0 最小化的性能。定理 2.9 和定理 2.10 可以用来为 ℓ_1 最小化提供类似的保证。为了简单起见，这里只讨论 $\boldsymbol{x}\in\boldsymbol{\Sigma}_k$ 的情况。因此，$\sigma_k(\boldsymbol{x})_1=0$，定理 2.9 和定理 2.10 中的误差边界仅依赖于噪声 $\boldsymbol{e}$。

首先，假设 $\boldsymbol{e}\in\mathbb{R}^m$ 的系数是独立同分布的，满足均值为零、方差为 σ^2 的高斯分布。通过使用高斯分布的标准性质，可以证明，存在一个常数 $c_0>0$，使得对于任意 $\varepsilon>0$，有

$$\mathbb{P}\left(\|\boldsymbol{e}\|_2 \geqslant (1+\varepsilon)\sqrt{m}\sigma\right) \leqslant \exp\left(-c_0\varepsilon^2 m\right) \tag{2.25}$$

其中，$\mathbb{P}(E)$ 表示事件 E 发生的概率。将上述结果应用于定理 2.9，且设 $\varepsilon=1$，可得高斯噪声特殊情况下的结果。

推论 2.1[1]　假设矩阵 $\boldsymbol{A}$ 满足 $2k$ 阶 RIP，$\delta_{2k}<\sqrt{2}-1$。进一步，假设 $\boldsymbol{x}\in\boldsymbol{\Sigma}_k$，$\boldsymbol{y}=\boldsymbol{A}\boldsymbol{x}+\boldsymbol{e}$，$\boldsymbol{e}$ 的元素是独立同分布的，均满足零均值高斯分布 $\mathcal{N}\left(0,\sigma^2\right)$。则当 $\mathcal{B}(\boldsymbol{y})=\{\boldsymbol{z}:\|\boldsymbol{A}\boldsymbol{z}-\boldsymbol{y}\|_2 \leqslant 2\sqrt{m}\sigma\}$ 时，式(2.20)的解 $\hat{\boldsymbol{x}}$ 满足

$$\|\hat{\boldsymbol{x}}-\boldsymbol{x}\|_2 \leqslant 8\frac{\sqrt{1+\delta_{2k}}}{1-\left(1+\sqrt{2}\right)\delta_{2k}}\sqrt{m}\sigma \tag{2.26}$$

的概率至少为 $1-\exp(-c_0 m)$。

在高斯噪声情况下，可以类似地讨论定理 2.10。如果假设 $\boldsymbol{A}$ 的列具有单位范数，那么 $\boldsymbol{A}^{\mathrm{T}}\boldsymbol{e}$ 的每个系数都是一个均值为零、方差为 σ^2 的高斯随机变量。使用高斯分布的标准边界，可得

$$\mathbb{P}\left(\|\boldsymbol{A}^{\mathrm{T}}\boldsymbol{e}\|_i \geqslant t\sigma\right) \leqslant \exp(-t^2/2),\ i=1,2,\cdots,n$$

因此，将不同 i 的边界进行合并，可得

$$\mathbb{P}\left(\left\|\boldsymbol{A}^{\mathrm{T}}\boldsymbol{e}\right\|_{\infty} \geqslant 2\sqrt{\lg n}\sigma\right) \leqslant n\exp(-2\lg n) = \frac{1}{n}$$

将上述结果应用到定理 2.10，可得到下面的推论。

推论 2.2[46] 假设矩阵 $\boldsymbol{A}$ 满足 $2k$ 阶 RIP，$\delta_{2k}<\sqrt{2}-1$，且 $\boldsymbol{A}$ 的列具有单位范数。进一步，假设 $\boldsymbol{x}\in\boldsymbol{\Sigma}_k$，$\boldsymbol{y}=\boldsymbol{A}\boldsymbol{x}+\boldsymbol{e}$，其中，$\boldsymbol{e}$ 的元素为独立同分布，均满足零均值高斯分布 $\mathcal{N}\left(0,\sigma^2\right)$。则当 $\mathcal{B}(\boldsymbol{y})=\{\boldsymbol{z}:\left\|\boldsymbol{A}^{\mathrm{T}}(\boldsymbol{A}\boldsymbol{z}-\boldsymbol{y})\right\|_{\infty}\leqslant 2\sqrt{\lg n}\sigma\}$ 时，式(2.20)的解 $\hat{\boldsymbol{x}}$ 满足

$$\left\|\hat{\boldsymbol{x}}-\boldsymbol{x}\right\|_2 \leqslant 4\sqrt{2}\frac{\sqrt{1+\delta_{2k}}}{1-\left(1+\sqrt{2}\right)\delta_{2k}}\sqrt{k\lg n}\sigma \tag{2.27}$$

的概率至少为 $1-1/n$。

忽略精确的常数和规定的边界保持的概率，可以观察到，在 $m=O(k\log n)$ 的情况下，这些结果看起来本质上是相同的。然而，也存在细微的差别。具体来说，如果 m 和 n 是固定的，考虑 k 变化的影响，可以看到推论 2.2 产生了一个自适应变化的界，当 k 很小时提供了更强的保证，而推论 2.1 中的界并没有随着 k 的减少而改善。因此，虽然它们提供了非常相似的保证，但在某些情况下，Dantzig 选择器是更可取的。

还可以看到，推论 2.2 等结果保证了 Dantzig 选择器的误差 $\left\|\hat{\boldsymbol{x}}-\boldsymbol{x}\right\|_2^2$，其边界以高概率为一个常数乘以 $k\sigma^2\lg n$。请注意，由于通常要求 $m>k\lg n$，这可能大大低于预期的噪声功率 $E\left(\left\|\boldsymbol{e}\right\|_2^2\right)=m\sigma^2$，这说明了基于稀疏性的方法在降低噪声水平方面非常成功的事实。

$k\sigma^2\lg n$ 值在几个方面几乎是最优的。首先，甲骨文(Oracle)估计器已知非零分量位置，并使用最小二乘法来估计它们的值，可以实现 $k\sigma^2$ 量级的估计误差。因此，如推论 2.2 这样的保证是接近甲骨文估计器的结果的。估计 $\boldsymbol{x}$ 的克拉默-拉奥界(Cramer-Rao bound，CRB)也在 $k\sigma^2$ 的数量级上[47]，这是具有实际意义的，因为 CRB 是通过高信噪比下的最大似然估计器实现的，这意味着对于低噪声情况，$k\sigma^2$ 的误差是可以实现的。然而，最大似然估计计算是 NP 难的，因此，接近甲骨文估计器的结果仍然是有意义的。有意思的是，$\lg n$ 因子是由于非零元素的位置未知而不可避免的结果。

3. 相干性保证

到目前为止，已经讨论了基于 RIP 的性能保证。在实际应用中，通常不可能验证矩阵 $\boldsymbol{A}$ 是否满足 RIP 或计算相应的 RIP 常数 δ。在这方面，基于相关性的结果很有吸引力，因为这些可以与任意的字典一起使用。

基于相干性的性能保证的一个快速途径是将基于 RIP 的结果如推论 2.1 和推论 2.2 与相干性界(如引理 2.6)结合起来。这种方法仅基于相干性产生保证，但结果往往不理想。通过直接利用相干性来建立保证通常更具启发性[24,40-43]。下面是具有代表性的例子。

定理 2.11[43] 假设矩阵 $\boldsymbol{A}$ 具有相干性 μ，$\boldsymbol{x}\in\boldsymbol{\Sigma}_k$，$k\leqslant(1/\mu+1)/4$。进一步，假设测量值满足 $\boldsymbol{y}=\boldsymbol{A}\boldsymbol{x}+\boldsymbol{e}$。则当 $\mathcal{B}(\boldsymbol{y})=\{\boldsymbol{z}:\left\|\boldsymbol{A}\boldsymbol{z}-\boldsymbol{y}\right\|_2\leqslant\varepsilon\}$ 时，式(2.20)的解 $\hat{\boldsymbol{x}}$ 满足

$$\|x-\hat{x}\|_2 \leqslant \frac{\|e\|_2+\varepsilon}{\sqrt{1-\mu(4k-1)}} \tag{2.28}$$

注意，定理 2.11 适用于 $\varepsilon=0$ 和 $\|e\|_2=0$ 的情况。因此，它也适用于定理 2.8 中的无噪声情况。此外，定理 2.11 没有要求 $\|e\|_2 \leqslant \varepsilon$，即使 $\varepsilon=0$，但 $\|e\|_2 \neq 0$，这个定理也是有效的。这个结果和定理 2.9 明显不同，有人可能会质疑，是否真的需要提出替代算法来处理噪声情况。然而，正如本章文献[43]中所述，定理 2.11 是在最坏情况下分析的结果，通常会高估实际的误差。在实际应用中，根据噪声修改 $\mathcal{B}(y)$，式(2.20)的性能可以显著改进。

为了描述另外一种类型的基于相干性的保证，必须考虑一种可替代式(2.20)的等效公式。具体地说，要考虑优化问题

$$\hat{x}=\arg\min_z \frac{1}{2}\|Az-y\|_2^2+\lambda\|z\|_1 \tag{2.29}$$

下面的结果提供了对式(2.29)的保证，超出了我们迄今为止所看到的结果，提供了关于 x 的原始支撑恢复的明确结果。

定理 2.12[40]　假设矩阵 A 具有相干性 μ，$x\in\Sigma_k$，$k<1/(3\mu)$。进一步，假设测量值满足 $y=Ax+e$，其中，e 的元素为独立同分布，均满足零均值高斯分布 $\mathcal{N}(0,\sigma^2)$。对某个很小的值 $\alpha>0$，令

$$\lambda=\sqrt{8\sigma^2(1+\alpha)\lg(n-k)}$$

则式(2.29)具有唯一解 $\hat{x}$ 的概率超过 $\left[1-1/(n-k)^\alpha\right]\left[1-\exp(-k/7)\right]$，$\mathrm{supp}(\hat{x})\subset\mathrm{supp}(x)$，且有

$$\|\hat{x}-x\|_2^2 \leqslant \left[\sqrt{3}+3\sqrt{2(1+\alpha)\lg(n-k)}\right]^2 k\sigma^2 \tag{2.30}$$

在这种情况下，可以保证 $\hat{x}$ 的任何非零元素对应于 x 的真实非零元素。注意，这种分析允许使用最坏情况下的信号 x。通过假设信号 x 具有有限的随机性，可以改进这个结果。具体来说，在本章文献[24]中，如果 $\mathrm{supp}(x)$ 是均匀随机选择的，并且 x 的非零元素的符号是独立的，取±1 的可能性是相同的，那么就有可能显著放松对 μ 的假设。此外，通过要求 x 的非零元素超过某个最小幅度，也可以保证真正支撑的完美恢复。

2.3.3　回顾实例最优保证

现在简要回顾无噪声情况，以更仔细地研究恢复非稀疏信号的实例最优保证。在定理 2.8 中，重构误差的 ℓ_2 范数 $\|\hat{x}-x\|_2$ 为常数 C_0 乘以 $\frac{\sigma_k(x)_1}{\sqrt{k}}$。我们可以将这个结果推广到使用任意 $p\in[1,2]$ 的 ℓ_p 范数来度量重构误差。例如，将这些参数稍微修改一下，可以证明 $\|\hat{x}-x\|_1 \leqslant C_0\sigma_k(x)_1$[34]。我们不禁要问，是否可以用形如 $\|\hat{x}-x\|_1 \leqslant C_0\sigma_k(x)_2$ 的结果替换 ℓ_2 误差的界。遗憾的是，要想得到这样的结果需要不合理的大量测量，下面的定理对此进行了量化。

定理 2.13[3]　假设 A 是一个 $m\times n$ 的矩阵，$\Delta:\mathbb{R}^m\to\mathbb{R}^n$ 是一个恢复算法，对于某个

$k \geqslant 1$，满足：

$$\|x - \Delta Ax\|_2 \leqslant C\sigma_k(x)_2 \tag{2.31}$$

则有

$$m > \left(1 - \sqrt{1 - 1/C^2}\right)n \tag{2.32}$$

因此，对于常数$C \approx 1$，如果要使形如式(2.32)的界对所有信号x都成立，那么无论使用什么恢复算法，都需要进行$m \approx n$次测量。然而，如果将逼近误差作为噪声来处理就可以克服这个限制。

前述所有关于ℓ_1最小化的结果都是确定性实例最优保证(instance-optimal guarantees)，给定满足RIP的任意矩阵，这些结果适用于所有x。这是一个重要的理论性质，但在实际应用中很难获得矩阵A满足RIP的确定性保证，我们只知道依赖于随机性的结构以高概率满足RIP。即使在概率结果类别中，也有两种不同的方法。典型的方法是将一个能够高概率满足RIP的矩阵的概率构造与本章前面的结果相结合，产生一个高概率满足确定性保证的步骤，适用于所有可能的信号x。一种较弱的结果是，给定一个信号x，我们可以推断出一个随机矩阵A，并且可以高概率预期针对该信号的某个性能。这种保证有时被称为概率上的实例最优(instance-optimal in probability)。根本的区别在于是否需要为每个信号x推断一个新的随机矩阵A。

定理 2.14[1] 设$x \in \mathbb{R}^n$为固定值，$\delta_{2k} < \sqrt{2} - 1$。假设$A$是一个$m \times n$的亚高斯随机矩阵，$m = O\left(k\lg(n/k)/\delta_{2k}^2\right)$，测量值满足$y = Ax$。令$\varepsilon = 2\sigma_k(x)_2$。则当$\mathcal{B}(y) = \{z : \|Az - y\|_2 \leqslant \varepsilon\}$时，式(2.20)的解$\hat{x}$满足：

$$\|\hat{x} - x\|_2 \leqslant \frac{8\sqrt{1+\delta_{2k}} - \left(1+\sqrt{2}\right)\delta_{2k}}{1 - \left(1+\sqrt{2}\right)\delta_{2k}} \sigma_{k(x)_2} \tag{2.33}$$

的概率超过$1 - 2\exp\left(-c_1\delta^2 m\right) - \exp\left(-c_0 m\right)$。

证明：首先，正如前文所述，A满足$2k$阶RIP的概率至少为$1 - 2\exp\left(-c_1\delta^2 m\right)$。其次，用$\Lambda$表示$x$中具有最大幅度的$k$个元素对应的索引集，并记$x = x_\Lambda + x_{\Lambda^c}$。由于$x_\Lambda \in \Sigma_k$，可知$Ax = Ax_\Lambda + Ax_{\Lambda^c} = Ax_\Lambda + e$。如果$A$是亚高斯分布，则$Ax_{\Lambda^c}$也是亚高斯分布的。将类似的结果应用于式(2.25)可得，$\|Ax_{\Lambda^c}\|_2 \leqslant 2\|x_{\Lambda^c}\|_2 = 2\sigma_k(x)_2$的概率至少为$1 - \exp\left(-c_0 m\right)$。因此，利用联合边界，以超过$1 - 2\exp\left(-c_1\delta^2 m\right) - \exp\left(-c_0 m\right)$的概率满足条件，可将定理 2.9 应用于$x_\Lambda$，在这种情况下，$\sigma_k\left(x_\Lambda\right)_1 = 0$，因此

$$\|\hat{x} - x_\Lambda\|_2 \leqslant 2C_2\sigma_k(x)_2$$

由三角不等式可得

$$\|\hat{x} - x\|_2 = \|\hat{x} - x_\Lambda + x_\Lambda - x\|_2 \leqslant \|\hat{x} - x_\Lambda\|_2 + \|x_\Lambda - x\|_2 \leqslant (2C_2 + 1)\sigma_k(x)_2$$

从而得到定理的结果。

虽然在没有进行大量测量的情况下，不可能实现式(2.31)的确定性保证，但可以证明，即使在测量数比定理 2.13 建议的测量数少得多的情况下，这种性能保证依然高概率有效。

上述结果仅适用于参数选择正确的情况，这需要一些关于 $\boldsymbol{x}$ 的有限知识，即 $\sigma_k(\boldsymbol{x})_2$。在实际应用中，这一限制可以很容易地通过诸如交叉验证等参数选择方法来克服[48]，但也有更复杂的 ℓ_1 最小化分析，证明有可能在不需要参数选择的情况下获得类似的性能[49]。请注意，定理 2.14 也可以推广到处理其他测量矩阵，以及 $\boldsymbol{x}$ 是可压缩的而不是稀疏的情况。

2.3.4　交叉多面体和相位变化

虽然基于 RIP 的 ℓ_1 最小化分析允许在不同的噪声情况下建立各种保证，但有一个缺点，对一个满足 RIP 的矩阵，实际需要多少测量值，这样的分析是相对松散的。分析 ℓ_1 最小化算法的另一种方法是从更多的几何角度来考察它们。为此，我们定义 ℓ_1 闭球，也被称为交叉多面体(cross-polytope)：

$$C^n=\left\{\boldsymbol{x}\in\mathbb{R}^n:\|\boldsymbol{x}\|_1\leqslant 1\right\}$$

C^n 是 $2n$ 个点 $\{p_i\}_{i=1}^{2n}$ 的凸壳(convex hull)。设 $\boldsymbol{A}C^n\subseteq\mathbb{R}^m$ 表示凸多面体，定义为 $\{\boldsymbol{A}p_i\}_{i=1}^{2n}$ 的凸壳，或者等效地定义为

$$\boldsymbol{A}C^n=\left\{\boldsymbol{y}\in\mathbb{R}^m:\boldsymbol{y}=\boldsymbol{A}\boldsymbol{x},\boldsymbol{x}\in C^n\right\}$$

对于任何 $\boldsymbol{x}\in\boldsymbol{\Sigma}_k$，可以将 C^n 的 k 面与 $\boldsymbol{x}$ 的支撑和符号模式联系起来。可以证明，$\boldsymbol{A}C^n$ 的 k 面数量正好是大小为 k 的索引集的数量，它们支持的信号可以通过式(2.20)与 $\mathcal{B}(\boldsymbol{y})=\{\boldsymbol{z}:\boldsymbol{A}\boldsymbol{z}=\boldsymbol{y}\}$ 恢复。因此，当且仅当 $\boldsymbol{A}C^n$ 的 k 面数与 C^n 的 k 面数相同时，所有 $\boldsymbol{x}\in\boldsymbol{\Sigma}_k$ 的 ℓ_1 最小化才得到与 ℓ_0 最小化相同的解。此外，通过计算 $\boldsymbol{A}C^n$ 的 k 面数，我们可以精确地量化，以 $\boldsymbol{A}$ 作为感知矩阵，使用 ℓ_1 最小化可以恢复稀疏向量的那部分。还需要注意的是，用其他一些多边形(单纯形和超立方体)替换交叉多面体，可以应用相同的技术恢复更有限信号类的结果，如非负或有界元素的稀疏信号[50]。

基于上述结果，可以从这个角度研究随机矩阵构造，在 $\boldsymbol{A}$ 随机生成的情况下(比如，高斯分布)，得到 $\boldsymbol{A}C^n$ 的 k 面数的概率性界。假设 $k=\rho m$，$m=\gamma n$，可以得到 $n\to\infty$ 的渐近结果。这种分析导致了相变(phase transition)现象，对于问题规模非常大的情况，有尖锐的阈值，表明保留的 k 面的比例倾向于 1 或 0 的概率非常高，这取决于 ρ 和 γ [50]。

这些结果提供了在无噪声情况下所需的最小测量数的尖锐界限。一般来说，这些边界明显强于在基于 RIP 的框架中获得的相应的测量边界，后者在所涉及的常数方面往往非常松散。然而，这些更清晰的边界也需要更复杂的分析，通常还需要对 $\boldsymbol{A}$ 进行更严格的假设(比如，它是高斯分布的)。因此，基于 RIP 分析的主要优点之一是，它给出了针对一类非常广泛的矩阵的结果，这些结果也可以扩展到噪声情况。

2.4　信号恢复算法

现在讨论一些算法来解决信号恢复问题的 CS 测量。虽然这一问题近年来在 CS 领域得到了广泛的关注，但许多这些技术早于 CS 领域。有各种各样的算法已经被应用于许多

领域，如稀疏近似、统计、地球物理学和理论计算机科学，还被开发为利用其他情况下的稀疏性，并可以承担 CS 恢复问题。请注意，这里关注实际重建原始信号 $\boldsymbol{x}$ 的算法。

2.4.1 ℓ_1 最小化算法

在 2.3 节中分析的 ℓ_1 最小化算法为恢复稀疏信号提供了一个强大的框架。通过 ℓ_1 最小化算法，不仅可准确地恢复信号，而且其结果是可以证明的。2.3 节中的公式描述了一个凸优化问题，它存在有效和准确的数值求解方法[50]。例如，在 $\mathcal{B}(\boldsymbol{y})=\{\boldsymbol{z}:\boldsymbol{A}\boldsymbol{z}=\boldsymbol{y}\}$ 条件下，式 (2.20) 描述的最小化问题可用线性规划方法求解。在 $\mathcal{B}(\boldsymbol{y})=\left\{\boldsymbol{z}:\|\boldsymbol{A}\boldsymbol{z}-\boldsymbol{y}\|_2\leqslant\varepsilon\right\}$ 或 $\mathcal{B}(\boldsymbol{y})=\left\{\boldsymbol{z}:\left\|\boldsymbol{A}^{\mathrm{T}}\left(\boldsymbol{A}\boldsymbol{z}-\boldsymbol{y}\right)\right\|_\infty\leqslant\lambda\right\}$ 的情况下，式 (2.20) 是一个具有圆锥形约束的凸规划问题。

虽然这些优化问题可以使用通用凸优化软件来求解，但现在也有大量的算法用于解决 CS 场景中的问题，这些算法主要关注 $\mathcal{B}(\boldsymbol{y})=\left\{\boldsymbol{z}:\|\boldsymbol{A}\boldsymbol{z}-\boldsymbol{y}\|_2\leqslant\varepsilon\right\}$ 的情形。上述规划问题存在多个等价的表述形式。例如，文献中大多数 ℓ_1 最小化算法实际上都是考虑无约束优化问题，即

$$\hat{\boldsymbol{x}}=\arg\min_{z}\frac{1}{2}\|\boldsymbol{A}\boldsymbol{z}-\boldsymbol{y}\|_2^2+\lambda\|\boldsymbol{z}\|_1$$

如果参数 λ 选择适当，上述优化问题的结果与下面的约束优化问题的结果相同：

$$\hat{\boldsymbol{x}}=\arg\min_{z}\|\boldsymbol{z}\|_1,\ \text{subject to}\ \|\boldsymbol{A}\boldsymbol{z}-\boldsymbol{y}\|_2\leqslant\varepsilon$$

然而，一般来说，使这两个问题等效的 λ 值事先是未知的。在本章文献[51]～文献[53]中讨论了选择 λ 的几种方法。由于在许多情况下，ε 是一种更自然的参数化(由噪声或量化水平决定)，因此，直接求解后一种优化问题的算法也是很有用的。虽然在这个方向上的研究工作不是太多，但也有一些优秀的求解方法[54-56]。注意，本章文献[55]还为各种其他 ℓ_1 最小化问题提供了求解方法，例如 Dantzig 选择器。

2.4.2 贪婪算法

虽然凸优化技术是计算稀疏表示的强大方法，但也有多种贪婪/迭代的方法用于解决这些问题[57-74]。贪婪算法(greedy algorithm)依赖于迭代近似的信号系数和支撑，通过迭代识别信号的支撑，直到满足收敛准则，或者通过每次迭代获得稀疏信号的改进估计，以说明与测量数据不匹配的原因。实际上可以证明，一些贪婪方法具有与凸优化方法相匹配的性能保证。事实上，一些更复杂的贪婪算法与前面描述的 ℓ_1 最小化算法非常相似。然而，证明性能保证所需的技术有本质上的不同。

两种最古老和最简单的贪婪方法是正交匹配追踪(orthogonal matching pursuit，OMP)[75]算法和迭代阈值(iterative thresholding)算法[24]。OMP 算法定义如算法 2.1 所示[1]。算法首先从找到与测量值最相关的矩阵 $\boldsymbol{A}$ 的列开始。然后，该算法通过将列与信号残差关联起来，重复此步骤，信号残差是通过从原始测量向量中减去信号的部分估计值的贡献得到的。

算法 2.1——正交匹配追踪(OMP)算法

输入：CS 矩阵(字典)$\boldsymbol{A}$，测量向量 $\boldsymbol{y}$

初始化：$\|\hat{\boldsymbol{x}}\|_0 = 0$，$\boldsymbol{r}_0 = \boldsymbol{y}$，$\Lambda_0 = \varnothing$

for i=1；i：=i+1　直至满足停止准则 do

　　$\boldsymbol{g}_i \leftarrow \boldsymbol{A}^{\mathrm{T}}\boldsymbol{r}_{i-1}$　{从残差中形成信号估计}

　　$\Lambda_i \leftarrow \Lambda_{i-1} \cup \mathrm{supp}[H_1(\boldsymbol{g}_i)]$　{将最大的残差项加到支撑中}

　　$\boldsymbol{x}_{i|\Lambda_i} \leftarrow \boldsymbol{A}_{\Lambda_i}^{\dagger}\boldsymbol{y}, \boldsymbol{x}_{i|\Lambda_i^c} \leftarrow 0$　{更新信号估计}

　　$\boldsymbol{r}_i \leftarrow \boldsymbol{y} - \boldsymbol{A}\hat{\boldsymbol{x}}_{i-1}$　{更新测量残差}

end for

输出：稀疏表示 $\hat{\boldsymbol{x}}$

通常，迭代阈值算法更简单，这里考虑迭代硬阈值(iterative hard thresholding，IHT)算法[24]，如算法 2.2 所示[1]。其中 $H_k(\boldsymbol{x})$ 表示 $\boldsymbol{x}$ 上的硬阈值(hard thresholding)运算符，除了 $\boldsymbol{x}$ 中幅度最大的 k 个元素外，将其余所有元素置为零。算法从初始信号估计 $\hat{\boldsymbol{x}}_0 = 0$ 开始，该算法迭代一个梯度下降步骤，然后进行硬阈值化，直到满足收敛准则。

算法 2.2——迭代硬阈值(IHT)算法

输入：CS 矩阵(字典)$\boldsymbol{A}$，测量向量 $\boldsymbol{y}$，稀疏度 k

初始化：$\hat{\boldsymbol{x}}_0 = 0$

for i=1；i：=i+1　直至满足停止准则 do

　　$\hat{\boldsymbol{x}}_i = H_k\left(\hat{\boldsymbol{x}}_{i-1} + \boldsymbol{A}^{\mathrm{T}}\left(\boldsymbol{y} - \boldsymbol{A}\hat{\boldsymbol{x}}_{i-1}\right)\right)$

end for

输出：稀疏表示 $\hat{\boldsymbol{x}}$

OMP 和 IHT 都满足许多与 ℓ_1 最小化相同的保证。例如，在 RIP 常数稍强的假设下，迭代硬阈值化满足一个与定理 2.9 非常相似的保证。OMP 最简单的保证描述的是，对于 k-稀疏信号 $\boldsymbol{x}$，无噪声测量 $\boldsymbol{y} = \boldsymbol{A}\boldsymbol{x}$，OMP 将在 k 次迭代中精确恢复 $\boldsymbol{x}$。本章文献[63]和文献[72]分别对满足 RIP 的矩阵和具有有界相干的矩阵进行了分析。然而，在这两个结果中，所需的常数都相对较小，因此，该结果只适用于 $m = O(k^2 \lg n)$ 时。

2.4.3　组合算法

除了 ℓ_1 最小化和贪婪算法外，还有另一类重要的稀疏恢复算法，称为组合算法(combinatorial algorithms)。大多数组合算法比压缩感知出现还早，虽然大多是由理论计算机科学界开发的，但与稀疏信号恢复问题密切相关。

组合算法中历史最久远的算法是在组合群测试(combinatorial group testing)[76-79]的背景下开发出来的。问题是这样的，假设总共有 n 个元素，需要找到其中 k 个异常元素。例如，在工业环境中识别有缺陷产品，或在医疗环境中识别病变组织样本的一个子集。无论哪种情况，向量 $\boldsymbol{x}$ 都表示哪些元素是异常的，对于 k 个异常元素，$x_i \neq 0$，否则，$x_i = 0$。目标是设计一组测试，用于识别 $\boldsymbol{x}$ 的支撑(可能是非零的值)，同时最小化执行的测试数量。

在最简单的实际设置中，这些测试由一个二进制矩阵 $\boldsymbol{A}$ 表示，当且仅当第 j 项用于第 i 次测试，其元素 $a_{ij}=1$。如果测试的输出相对于输入是线性的，那么对向量 $\boldsymbol{x}$ 的恢复问题与 CS 中的标准稀疏恢复问题基本相同。

需要注意的是，上述所有凸方法和贪婪算法的计算复杂度至少是项数 n 的线性函数，为了恢复向量 $\boldsymbol{x}$，至少要承担读出 $\boldsymbol{x}$ 的所有 n 项的计算代价。虽然在大多数典型的 CS 应用中是可以接受的，但当 n 非常大时，这就变得不切实际了。在这种情况下，可以寻求开发复杂度仅为信号长度(即它的稀疏度 k)线性函数的算法。在这种情况下，算法不返回 $\boldsymbol{x}$ 的完整重建结果，只返回它的 k 个最大元素(及其索引)，详见本章文献[80]～文献[82]的示例。

2.5 多测量向量

许多 CS 应用都涉及多个相关信号的分布式采集。所有信号都是稀疏的，并且它们的非零系数具有相同的索引，这种多信号情况在稀疏逼近文献中是众所周知的，称为多测量向量(multiple measurement vector，MMV)问题[74]。在 MMV 情况下，目标不是试图单独恢复每个稀疏向量 $\boldsymbol{x}_i, 1 \leqslant i \leqslant l$，而是利用它们共同的稀疏支撑来联合恢复向量集。将这些向量堆入矩阵 $\boldsymbol{X}$ 的列中，$\boldsymbol{X}$ 中最多会有 k 个非零行。也就是说，不仅每个向量是 k-稀疏的，而且非零值出现在一个共同位置集上，则称 $\boldsymbol{X}$ 是行稀疏的，并使用符号 $\Lambda = \mathrm{supp}(\boldsymbol{X})$ 来表示非零行对应的索引集。

1. 测量矩阵的条件

在标准 CS 中，假设给定了测量值 $\{\boldsymbol{y}_i\}_{i=1}^{l}$，其中每个向量的长度为 $m<n$。设 $\boldsymbol{Y}$ 为 $m \times l$ 矩阵，它的列为 $\boldsymbol{y}_i$。我们的问题是，假设已知测量矩阵 $\boldsymbol{A}$，恢复 $\boldsymbol{X}$，从而使 $\boldsymbol{Y}=\boldsymbol{A}\boldsymbol{X}$。显然，可以像以前一样应用任何 CS 方法从 $\boldsymbol{y}_i$ 中恢复 $\boldsymbol{x}_i$。然而，由于向量 $\boldsymbol{x}_i$ 都有一个共同的支撑，希望利用这些联合信息来提高恢复能力。换句话说，通常应该能够减少用于表示 $\boldsymbol{X}$ 所需的测量数 ml，使其低于 sl 的，其中 s 为给定矩阵 $\boldsymbol{A}$ 时恢复一个向量 $\boldsymbol{x}_i$ 所需的测量数。

由于 $|\Lambda| = k$，$\boldsymbol{X}$ 的秩满足 $\mathrm{rank}(\boldsymbol{X}) \leqslant k$。当 $\mathrm{rank}(\boldsymbol{X})=1$ 时，所有的稀疏向量 $\boldsymbol{x}_i$ 都是彼此的倍数，因此它们的联合处理没有优势。然而，当 $\mathrm{rank}(\boldsymbol{X})$ 很大时，利用其列的多样性，联合恢复是有好处的。下面的充要唯一性条件，很好地阐释了这个基本结论。

定理 2.15[83] 测量值 $\boldsymbol{Y}=\boldsymbol{A}\boldsymbol{X}$ 能唯一确定行稀疏矩阵 $\boldsymbol{X}$ 的充要条件是

$$|\mathrm{supp}(\boldsymbol{X})| < \frac{\mathrm{spark}(\boldsymbol{A}) - 1 + \mathrm{rank}(\boldsymbol{A})}{2} \tag{2.34}$$

正如本章文献[83]所证明的，在式(2.34)中，可以用 $\mathrm{rank}(\boldsymbol{Y})$ 来代替 $\mathrm{rank}(\boldsymbol{X})$。在本章文献[84]中已经证明，即使在有无限多向量 $\boldsymbol{x}_i$ 的情况下，上述条件的充分方向也可以成立。定理 2.15 的一个直接结果是，秩较大的矩阵 $\boldsymbol{X}$ 可以从较小的测量中恢复。或者，具有更大支撑的矩阵 $\boldsymbol{X}$ 可以从相同数量的测量值中恢复。当 $\mathrm{rank}(\boldsymbol{X})=k$ 和 $\mathrm{spark}(\boldsymbol{A})$ 的最大可能值等于 $m+1$ 时，式(2.34)变成 $m \geqslant k+1$。因此，在这种最优情况下，每个信号只需要 $k+1$ 个测量值，以确保唯一性。这远低于在标准 CS 中通过 spark 获得的 $2k$ 的值，称其为单一测量向量(single measurement vector，SMV)。此外，当 $\boldsymbol{X}$ 为全秩时，它可以通过一个简单的算法来恢复，而不是通过一般矩阵的 $2k$ 测量来解决 SMV 所需的组合复杂度问题。

2. 恢复算法

当 $\boldsymbol{X}$ 不是全秩时，提出了以不同方式利用联合稀疏性的各种算法。与 SMV 情况一样，MMV 问题求解的两种主要方法是基于凸优化和贪婪方法。对于 MMV 的情况，与式(2.18)类似，有

$$\hat{\boldsymbol{X}} = \arg\min_{\boldsymbol{X}\in\mathbb{R}^{n\times l}} \|\boldsymbol{X}\|_{p,0}，\ \text{subject to}\ \boldsymbol{Y} = \boldsymbol{A}\boldsymbol{X} \tag{2.35}$$

其中，矩阵的 $\ell_{p,q}$ 范数定义为

$$\|\boldsymbol{X}\|_{p,q} = \left(\sum_i \|\boldsymbol{x}_i\|_p^q\right)^{1/q}$$

其中，$\boldsymbol{x}_i$ 表示矩阵 $\boldsymbol{X}$ 的第 i 行。对任意的 p，$\|\boldsymbol{X}\|_{p,0} = |\text{supp}(\boldsymbol{X})|$。基于凸优化的算法放松了式(2.35)中的范数 ℓ_0，对于 $p,q\geqslant 1$，试图通过混合范数最小化恢复 $\boldsymbol{X}$:

$$\hat{\boldsymbol{X}} = \arg\min_{\boldsymbol{X}\in\mathbb{R}^{n\times l}} \|\boldsymbol{X}\|_{p,q}，\ \text{subject to}\ \boldsymbol{Y} = \boldsymbol{A}\boldsymbol{X}$$

本章文献[74]、文献[85]～[88]提出使用 p，q 的值为 1、2 和∞。SMV 情况下的标准贪婪方法也已扩展到 MMV 情况。此外，还可以将 MMV 问题简化为一个 SMV 问题，并使用标准的 CS 恢复算法来求解[84]。这种简化对于大规模的问题特别有益，例如那些由模拟采样产生的问题。

MMV 模型也可以用于执行盲 CS，其中稀疏基与表示系数一起学习[89]。虽然所有标准 CS 算法都假设稀疏基在恢复过程中是已知的，但盲 CS 并不需要这些知识。当有多个测量值可用时，可以证明，在某些稀疏性基条件下，盲 CS 是可能的，从而在采样和恢复过程中需要稀疏基。

在理论保证方面，可以证明，SMV 算法的 MMV 扩展将在 SMV 最坏的情况下恢复 $\boldsymbol{X}$[83,86,88-90]，因此，任意 $\boldsymbol{X}$ 值的理论等效结果不能预测联合稀疏性的性能增益。然而，在实践中，多通道重建方法比单独恢复每个通道的性能要好得多。造成这种差异的原因是，这些结果适用于所有可能的输入信号，因此是最糟糕的措施。显然，如果我们向每个信道输入相同的信号，即当 rank($\boldsymbol{X}$) = 1 时，从多个测量中没有提供关于联合支持的额外信息。然而，正如我们在定理 2.15 中看到的，输入 $\boldsymbol{X}$ 的秩越高，越可提高恢复能力。

另一种提高性能保证的方法是考虑 $\boldsymbol{X}$ 的随机值，研究以高概率恢复 $\boldsymbol{X}$ 的条件[83,91,92]。一般情况分析表明，为了精确恢复 $\boldsymbol{X}$，需要更少的测量值[83]。此外，在稀疏性和矩阵 $\boldsymbol{A}$ 的温和条件下，恢复失败的概率随通道数 l 呈指数衰减[83]。

2.6　本章总结

本章简要介绍了信号压缩感知理论的基础，包括压缩感知的概念、感知矩阵的特性及

构建方法、压缩采样信号的恢复理论、ℓ_1最小化算法、贪婪算法中的正交匹配追踪算法和迭代硬阈值算法。介绍了多测量向量的概念，在稀疏信号集合恢复中的应用。

参 考 文 献

[1] Eldar Y C, Kutyniok G. Compressed Sensing: Theory and Applications[M]. Cambridge: Cambridge University Press, 2012.

[2] Donoho D L, Elad M. Optimally sparse representation in general (nonorthogonal) dictionaries via ℓ^1 minimization[J]. Proceedings of the National Academy of Sciences of the United States of America, 2003, 100(5): 2197-2202.

[3] Cohen A, Dahmen W, Devore R. Compressed sensing and best k-term approximation[J]. Journal of the American Mathematical Society, 2009, 22(1): 211-231.

[4] Candes E J, Tao T. Decoding by linear programming[J]. IEEE Transactions on Information Theory, 2005, 51(12): 4203-4215.

[5] Needell D, Tropp J A. CoSaMP: Iterative signal recovery from incomplete and inaccurate samples[J]. Applied and Computational Harmonic Analysis, 2009, 26(3): 301-321.

[6] Davenport M A. Random observations on random observations: Sparse signal acquisition and processing[D]. Houston: Rice University, 2010.

[7] Garnaev A Y, Gluskin E D. The widths of Euclidean balls[J]. Soviet Mathematics Doklady, 1984, 277(5): 1048-1052.

[8] Johnson W B, Lindenstrauss J. Extensions of lipschitz mappings into a Hilbert space[J]. Contemporary Mathematics, 1984, 26(12): 18-25.

[9] Jayram T S, Woodruff D P. Optimal bounds for Johnson-lindenstrauss transforms and streaming problems with subconstant error[J]. ACM Transactions on Algorithms, 2013, 9(3): 1-17.

[10] Baraniuk R, Davenport M, Devore R, et al. A simple proof of the restricted isometry property for random matrices[J]. Constructive Approximation, 2008, 28(3): 253-263.

[11] Krahmer F, Ward R. New and improved Johnson-lindenstrauss embeddings via the restricted isometry property[J]. SIAM Journal on Mathematical Analysis, 2011, 43(3): 1269-1281.

[12] Theis F J, Jung A, Puntonet C G, et al. Signal recovery from partial information via orthogonal matching pursuit[J]. IEEE Transactions on Information Theory, 2007, 53(12): 4655-4666.

[13] Van Lint J H. Book review: The mathematics of Paul Erdös, Ⅰ & Ⅱ/ed. by R.L. Graham, J. Nesetril[J]. 1997, Nieuw Archief voor Wiskunde, 4/15: 243-248.

[14] Strohmer T, Heath R W. Grassmannian frames with applications to coding and communication[J]. Applied and Computational Harmonic Analysis, 2003, 14(3): 257-75.

[15] Welch L R. Lower bounds on the maximum cross correlation of signals (Corresp.)[J]. IEEE Transactions on Information Theory, 1974, 20(3): 397-399.

[16] Geršgorin S A, Über die abgrenzung der eigenwerte einer matrix[J]. Izvestiya Akademii Nauk SSR, 1931, 1: 749-754.

[17] Varga R. Geršgorin and His Circles[M]. Berlin: Springer-Verlag, 2004.

[18] Herman M A, Strohmer T. High-resolution radar via compressed sensing[J]. IEEE Transactions on Signal Processing, 2009, 57(6): 2275-2284.

[19] Bourgain J, Dilworth S, Ford K, et al. Explicit constructions of RIP matrices and related problems[J]. Duke Mathematical Journal, 2010, 159(1): 145-185.

[20] Devore R A. Deterministic constructions of compressed sensing matrices[J]. Journal of Complexity, 2007, 23(4-6): 918-925.

[21] Haupt J, Applebaum L, Nowak R. On the restricted isometry of deterministically subsampled Fourier matrices[C]. 44th Annual Conference on Information Sciences and Systems (CISS), Princeton, USA, 2010.

[22] Indyk P. Explicit constructions for compressed sensing of sparse signals[C]. 19th ACM-SIAM Symposium on Discrete Algorithms, San Francisco, USA, 2008.

[23] Cai T T, Jiang T. Limiting laws of coherence of random matrices with applications to testing covariance structure and construction of compressed sensing matrices[J]. Annals of Statistics, 2011, 39(3): 1496-1525.

[24] Candès E J, Plan Y. Near-ideal model selection by ℓ_1 minimization[J]. The Annals of Statistics, 2009, 37(5A): 2145-2177.

[25] Donoho D L. For most large underdetermined systems of linear equations, the minimal ℓ_1 -norm solution is also the sparsest solution [J]. Communications on Pure and Mathematics, 2006, 59(6): 797-829.

[26] Davenport M A, Laska J N, Boufounos P T, et al. A simple proof that random matrices are democratic[J/OL]. arXiv, 2009. https://doi.org/10.48550/arXiv.0911.0736.

[27] Laska J N, Boufounos P T, Davenport M A, et al. Democracy in action: Quantization, saturation, and compressive sensing[J]. Applied and Computational Harmonic Analysis, 2011, 31(3): 429-443.

[28] Tropp J A, Laska J N, Duarte M F, et al. Beyond Nyquist: Efficient sampling of sparse bandlimited signals[J]. IEEE Transactions on Information Thery, 2010, 56(1): 520-544.

[29] Tropp J A, Wakin M B, Duarte M F, et al. Random filters for compressive sampling and reconstruction[C]. IEEE International Conference on Acoustics Speech and Signal Processing, Toulouse, France, 2006.

[30] Mishali M, Eldar Y C. From theory to practice: Sub-Nyquist sampling of sparse wideband analog signals[J]. IEEE Journal of Selected Topics in Signal Processing, 2010, 4(2): 375-391.

[31] Romberg J. Compressive sensing by random convolution[J]. SIAM Journal on Imaging Sciences, 2009, 2(4): 1098-1128.

[32] Slavinsky J P, Laska J N, Davenport M A, et al. The compressive multiplexer for multi-channel compressive sensing[C]. IEEE International Conference on Acoustics, Speech and Signal Processing (ICASSP), Prague, Czech, 2011.

[33] Chi Y, Scharf L L, Pezeshki A, et al. Sensitivity to basis mismatch in compressed sensing[C]. IEEE International Conference on Acoustics, Speech and Signal Processing, Dallas, USA, 2010.

[34] Herman M A, Strohmer T. General deviants: An analysis of perturbations in compressed sensing[J]. IEEE Journal of Selected Topics in Signal Processing, 2010, 4(2): 342-349.

[35] Muthukrishnan S. Data Streams: Algorithms and Application[M]. Boston: Now Foundations and Trends, 2005.

[36] Chen S S, Saunders D. Atomic decomposition by basis pursuit[J]. SIAM Review, 2001, 43(1): 129-159.

[37] Candès E J. The restricted isometry property and its implications for compressed sensing[J]. Comptes Rendus Mathematique, 2008, 346(9-10): 589-592.

[38] Ben-Haim Z, Michaeli T, Eldar Y C. Performance bounds and design criteria for estimating finite rate of innovation signals[J]. IEEE Transactions on Information Theory, 2010, 58(8): 4993-5015.

[39] Treichler J, Davenport M, Baraniuk R. Application of compressive sensing to the design of wideband signal acquisition receivers[J]. Atlanta: Georgia Institute of Technology, 2009.

[40] Ben-Haim Z, Eldar Y C, Elad M. Coherence-based performance guarantees for estimating a sparse vector under random noise[J]. IEEE Transactions on Signal Processing, 2010, 58(10): 5030-5043.

[41] Candès E J, Romberg J K, Tao T. Stable signal recovery from incomplete and inaccurate measurements[J]. Communications on Pure and Applied Mathematics, 2010, 59(8): 1207-1223.

[42] Donoho D L, Elad M. On the stability of the basis pursuit in the presence of noise[J]. Signal Processing, 2006, 86(3): 511-532.

[43] Donoho D L, Elad M, Temlyakov V N. Stable recovery of sparse overcomplete representations in the presence of noise[J]. IEEE Transactions on Information Theory, 2006, 52(1): 6-18.

[44] Candes E J, Tao T. Near-optimal signal recovery from random projections: Universal encoding strategies[J]. IEEE Transactions on Information Theory, 2006, 52(12): 5406-5425.

[45] Laska J N, Davenport M A, Baraniuk R G. Exact signal recovery from sparsely corrupted measurements through the Pursuit of Justice[C]. Asilomar Conference on Signals, Systems and Computers, Pacific Grove, USA, 2009.

[46] Candes E, Tao T. The Dantzig selector: Statistical estimation when p is much larger than n[J]. Annals of Statistics, 2007, 35(6): 2313-2351.

[47] Ben-Haim Z, Eldar Y C. The Cramér-Rao bound for estimating a sparse parameter vector[J]. IEEE Transactions on Signal Processing, 2010, 58(6): 3384-3389.

[48] Ward R. Compressed sensing with cross validation[J]. IEEE Transactions on Information Theory, 2009, 55(12): 5773-5782.

[49] Wojtaszczyk P. Stability and instance optimality for gaussian measurements in compressed sensing[J]. Foundations of Computational Mathematics, 2010, 10(1): 1-13.

[50] Bonnans J F, Gilbert J C, Lemaréchal C, et al. Special Methods[M]//Bonnans J F, Gilbert J C, Lemaréchal C, et al. Numerical Optimization: Theoretical and Practical Aspects. Berlin: Springer, 2003.

[51] Eldar Y C, Yonina C. Generalized SURE for exponential families: Applications to regularization[J]. IEEE Transaction on Signal Processing, 2009, 57(2): 471-481.

[52] Galatsanos N, Katsaggelos A. Methods for choosing the regularization parameter and estimating the noise variance in image restoration and their relation[J]. IEEE Transaction on Image Processing, 1992, 1(3): 322-336.

[53] Golub G H, Heath M, Wahba G. Generalized cross-validation as a method for choosing a good ridge parameter[J]. Technometrics, 1970, 21(2): 215-223.

[54] Becker S, Bobin J, Candès E J. NESTA: A fast and accurate first-order method for sparse recovery[J]. SIAM Journal on Imaging Sciences, 2011, 4(1): 1-39.

[55] Becker S R, Candès E J, Grant M C. Templates for convex cone problems with applications to sparse signal recovery[J]. Mathematical Programming Computation, 2011, 3(3): 165-218.

[56] Ewout V D, Friedlander M P. Probing the pareto frontier for basis pursuit solutions[J]. SIAM Journal on Scientific Computing, 2008, 31(2): 890-912.

[57] Berinde R, Indyk P, Ruzic M. Practical near-optimal sparse recovery in the L_1 norm[C]. 46th Annual Allerton Conference on Communication, Control, and Computing, Monticello, USA, 2008.

[58] Davies M E. Gradient pursuits[J]. IEEE Transactions on Signal Processing, 2007, 56(6): 2370-2382.

[59] Blumensath T, Davies M E. Iterative hard thresholding for compressed sensing[J]. Applied and Computational Harmonic Analysis, 2009, 27(3): 265-274.

[60] Cohen A, Dahmen W, Devore R. Instance Optimal Decoding by Thresholding in Compressed Sensing[M]//Cifuentes P, García-Cuerva J, Garrigós G. Harmonic Analysis and Partial Differential Equations. Providence: American Mathematical Society, 2010.

[61] Dai W, Milenkovic O. Subspace pursuit for compressive sensing signal reconstruction[J]. IEEE Transactions on Information Theory, 2009, 55(5): 2230-2249.

[62] Daubechies I, Defrise M, Mol C D. An iterative thresholding algorithm for linear inverse problems with a sparsity constraint[J]. Communications on Pure and Applied Mathematics, 2010, 57(11): 1413-1457.

[63] Davenport M A, Wakin M B. Analysis of orthogonal matching pursuit using the restricted isometry property[J]. IEEE Transactions on Information Theory, 2010, 56(9): 4395-4401.

[64] Donoho D L, Tsaig Y, Drori I, et al. Sparse solution of underdetermined systems of linear equations by stagewise orthogonal matching pursuit[J]. IEEE Transactions on Information Theory, 2012, 58(2): 1094-1121.

[65] Donoho D L, Tsaig Y. Fast solution of ℓ_1 -norm minimization problems when the solution may be sparse[J]. IEEE Transactions on Information Theory, 2008, 54(11): 4789-4812.

[66] Indyk P, Ruzic M. Near-optimal sparse recovery in the L_1 Norm[C]. 49th Annual IEEE Symposium on Foundations of Computer Science, Philadelphia, USA, 2008.

[67] Mallat S G. A Wavelet Tour of Signal Processing[M]. New York: Academic Press, 1999.

[68] Mallat S, Zhang Z. Matching pursuits with time-frequency dictionaries[J]. IEEE Transactions on Signal Processing, 1993, 41(12): 3397-3415.

[69] Needell D, Tropp J A. CoSaMP: Iterative signal recovery from incomplete and inaccurate samples[J]. Applied and Computational Harmonic Analysis, 2009, 26(3): 301-321.

[70] Needell D, Vershynin R. Uniform uncertainty principle and signal recovery via regularized orthogonal matching pursuit[J]. Foundations of Computational Mathematics, 2009, 9(3): 317-334.

[71] Needell D, Vershynin R. Signal recovery from incomplete and inaccurate measurements via regularized orthogonal matching pursuit[J]. IEEE Journal of Selected Topics in Signal Processing, 2010, 4(2): 310-316.

[72] Tropp J A. Greed is good: Algorithmic results for sparse approximation[J]. IEEE Transactions on Information Theory, 2004, 50(10): 2231-2242.

[73] Theis F J, Jung A, Puntonet C G, et al. Signal recovery from partial information via orthogonal matching pursuit[J]. IEEE Transactions on Information Theory, 2007, 53(12): 4655-4666.

[74] Tropp J A, Gilbert A C, Strauss M J. Algorithms for simultaneous sparse approximation. Part Ⅰ: Greedy pursuit[J]. Signal Processing, 2006, 86(3): 572-588.

[75] Mallat S, Zhang Z F. Matching pursuits with time-frequency dictionaries[J]. IEEE Transactions on Signal Processing, 1993, 41(12): 3397-3415.

[76] Du D Z, Hwang F K. Combinatorial Group Testing and Its Applications[M]. 2nd ed. Singapore: World Scienfific, 1999.

[77] Erlich Y, Shental N, Amir A, et al. Compressed sensing approach for high throughput carrier screen[C]. 47th Annual Allerton Conference on Communication, Control, and Computing (Allerton), Monticello, USA, 2009.

[78] Kainkaryam R M, Bruex A, Gilbert A C, et al. PoolMC: Smart pooling of mRNA samples in microarray experiments[J]. BMC Bioinformatics, 2010, 11: 299.

[79] Shental N A, Amir A, Zuk O. Identification of rare alleles and their carriers using compressed se(que)nsing[J]. Nucleic Acids Research, 2011, 39(4): e179.

[80] Cormode G, Muthukrishnan S. An improved data stream summary: The count-min sketch and its applications[J]. Journal of Algorithms, 2004, 55(1): 58-75.

[81] Gilbert A C, Li Y, Porat E, et al. Approximate sparse recovery: Optimizing time and measurements[J]. SIAM Journal on Computing, 2009, 41(2): 436-453.

[82] Gilbert A C, Strauss M J, Tropp J A, et al. One sketch for all: Fast algorithms for compressed sensing[C]. 39th Annual ACM Symposium on Theory of Computing, San Diego, USA, 2007.

[83] Gleichman S, Eldar Y C. Blind compressed sensing[J]. IEEE Transactions on Information Theory, 2010, 57(10): 6958-6975.

[84] Davies M E, Eldar Y C. Rank awareness in joint sparse recovery[J]. IEEE Transactions on Information Theory, 2012, 58(2): 1135-1146.

[85] Mishali M, Eldar Y C. Reduce and boost: Recovering arbitrary sets of jointly sparse vectors[J]. IEEE Transactions on Signal Processing, 2008, 56(10): 4692-4702.

[86] Tropp J A. Algorithms for simultaneous sparse approximation. Part Ⅱ: Convex relaxation[J]. Signal Processing, 2006, 86(3): 589-602.

[87] Chen J, Huo X M. Theoretical results on sparse representations of multiple-measurement vectors[J]. IEEE Transactions on Signal Processing, 2006, 54(12): 4634-4643.

[88] Cotter S F, Rao B D, Engan K, et al. Sparse solutions to linear inverse problems with multiple measurement vectors[J]. IEEE Transactions on Signal Processing, 2005, 53(7): 2477-2488.

[89] Eldar Y C, Mishali M. Robust recovery of signals from a structured union of subspaces[J]. IEEE Transactions on Information Theory, 2009, 55(11): 5302-5316.

[90] Eldar Y C, Rauhut H. Average case analysis of multichannel sparse recovery using convex relaxation[J]. IEEE Transactions on Information Theory, 2010, 56(1): 505-519.

[91] Baraniuk R, Cevher V, Duarte M F, et al. Model-based compressive sensing[J]. IEEE Transactions on Information Theory, 2010, 56(4): 1982-2001.

[92] Duarte M F, Sarvotham S, Baron D, et al. Distributed compressed sensing of jointly sparse signals[C]. 39th Asilomar Conference on Signals, Systems and Computers, Pacific Grove, USA, 2005.

第 3 章 信号压缩采样与重构技术

3.1 信号的理想采样与重构

3.1.1 理想采样

在实际应用中遇到的大多数信号，如语音信号、生物信号、地震信号、雷达信号、声呐信号、视频信号等，都是模拟信号。要用数字方法或手段对模拟信号进行处理，必须将模拟信号转换为数字形式，即一个精度有限的数字序列。这个转换过程称为模-数(A/D)转换。一个 A/D 转换器主要由采样、量化和编码三部分组成。

周期采样，或称均匀采样，是最常用的采样形式，如图 3.1 所示。设 $x_a(t)$ 为模拟带限信号，其频谱为 $X_a(\mathrm{j}\Omega)$，根据连续时间傅里叶变换(continuous-time Fourier transform，CTFT)的定义，可得[1]

$$X_a(\mathrm{j}\Omega)=\int_{-\infty}^{\infty}x_a(t)\mathrm{e}^{-\mathrm{j}\Omega t}\mathrm{d}t \tag{3.1}$$

通过傅里叶积分，模拟信号 $x_a(t)$ 可由其傅里叶频谱恢复，即

$$x_a(t)=\frac{1}{2\pi}\int_{-\infty}^{\infty}X_a(\mathrm{j}\Omega)\mathrm{e}^{-\mathrm{j}\Omega t}\mathrm{d}\Omega \tag{3.2}$$

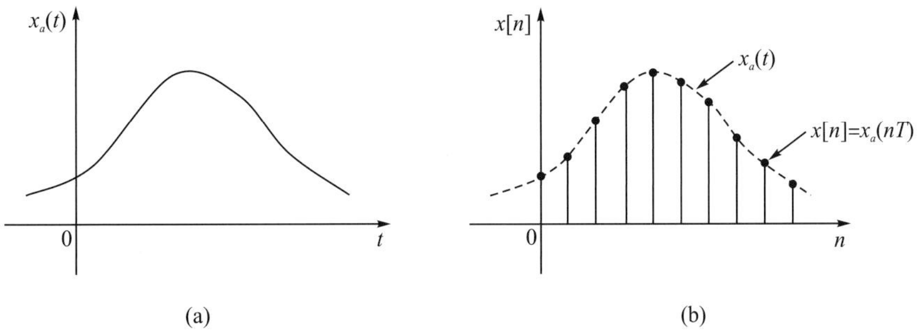

图 3.1 模拟信号的周期采样

根据奈奎斯特或香农采样定理，离散时间信号(序列) $x[n]$ 由模拟信号 $x_a(t)$ 经过周期采样得到，即 $x[n]=x_a(nT)$，其中 T 为采样周期。$x[n]$ 的离散时间傅里叶变换(discrete-time Fourier transform，DTFT)为[1]

$$X(\mathrm{e}^{\mathrm{j}\omega})=\sum_{n=-\infty}^{\infty}x[n]\mathrm{e}^{-\mathrm{j}\omega n} \tag{3.3}$$

为了考察 $X(\mathrm{e}^{\mathrm{j}\omega})$ 与 $X_a(\mathrm{j}\Omega)$ 的关系，可以把采样看作模拟信号 $x_a(t)$ 与周期为 T 的脉冲串 $p(t)$ 相乘，并由乘法器实现，如图 3.2 所示。

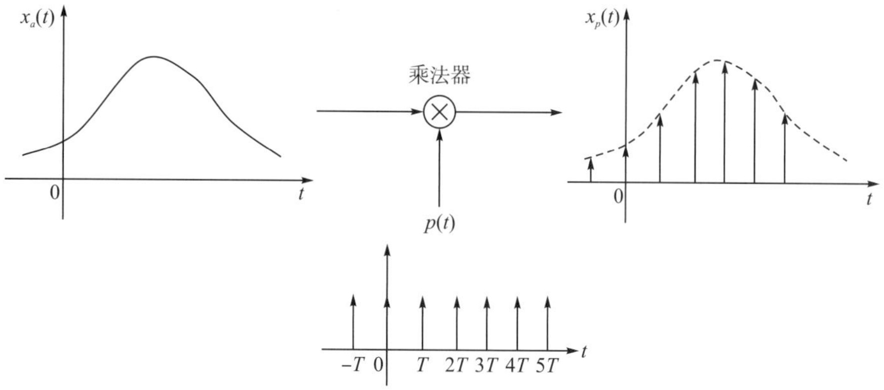

图 3.2 理想采样

周期脉冲串 $p(t)$ 和乘法器输出信号的数学表达式分别为

$$p(t)=\sum_{n=-\infty}^{\infty}\delta(t-nT) \tag{3.4}$$

$$x_p(t)=x_a(t)p(t)=\sum_{n=-\infty}^{\infty}x_a(nT)\delta(t-nT) \tag{3.5}$$

相应地，上述两个信号的连续时间傅里叶变换分别为[1]

$$P(\mathrm{j}\Omega)=\sum_{k=-\infty}^{\infty}\mathrm{e}^{\mathrm{j}(\Omega+k\Omega_T)} \tag{3.6}$$

$$X_p(\mathrm{j}\Omega)=\sum_{n=-\infty}^{\infty}x_a(nT)\mathrm{e}^{-\mathrm{j}\Omega nT} \tag{3.7}$$

利用泊松求和公式：

$$\sum_{n=-\infty}^{\infty}\phi(t+nT)=\frac{1}{T}\sum_{k=-\infty}^{\infty}\Phi(\mathrm{j}k\Omega_T)\mathrm{e}^{\mathrm{j}k\Omega_T t} \tag{3.8}$$

其中，$\Omega_T=2\pi/T$，$\Phi(\mathrm{j}\Omega)$ 为信号 $\phi(t)$ 的连续时间傅里叶变换。令 $t=0$，则

$$\sum_{n=-\infty}^{\infty}\phi(nT)=\frac{1}{T}\sum_{k=-\infty}^{\infty}\Phi(\mathrm{j}k\Omega_T) \tag{3.9}$$

令 $\phi(t)=x_a(t)\mathrm{e}^{-\mathrm{j}\Omega t}$，可得

$$X_p(\mathrm{j}\Omega)=\sum_{n=-\infty}^{\infty}x_a(nT)\mathrm{e}^{-\mathrm{j}\Omega nT}=\frac{1}{T}\sum_{k=-\infty}^{\infty}X_a[\mathrm{j}(\Omega+k\Omega_T)] \tag{3.10}$$

对比公式(3.10)和公式(3.3)，可得

$$X(\mathrm{e}^{\mathrm{j}\omega})=X_p(\mathrm{j}\Omega)\big|_{\Omega=\omega/T}=\frac{1}{T}\sum_{k=-\infty}^{\infty}X_a[\mathrm{j}(\omega/T-k\Omega_T)] \tag{3.11}$$

这就是离散时间信号 $x[n]$ 的 DTFT 与原模拟信号 $x_a(t)$ 的 CTFT 之间的关系。

3.1.2　理想重构

在满足奈奎斯特或香农采样定理的条件下，经过理想采样得到的离散时间信号 $x[n]$，通过理想低通滤波器可恢复原模拟信号 $x_a(t)$。理想模拟低通滤波器的频率响应为

$$H_{LP}(\mathrm{j}\varOmega)=\begin{cases}T, & |\varOmega|\leqslant\varOmega_c\\ 0, & |\varOmega|>\varOmega_c\end{cases} \tag{3.12}$$

相应地，滤波器的冲激响应为

$$h_{LP}(t)=\frac{\sin(\varOmega_c t)}{\varOmega_T t/2} \tag{3.13}$$

为简单起见，取 $\varOmega_c=\varOmega_T/2=\pi/T$。考虑到采样输出信号可以表示为

$$x_p(t)=\sum_{n=-\infty}^{\infty}x_a[n]\delta(t-nT)$$

理想低通滤波器的输出信号 $\hat{x}_a(t)$ 可通过 $x_p(t)$ 与模拟重构滤波器的冲激响应 $h_{LP}(t)$ 进行卷积运算得到，即[1]

$$\hat{x}_a(t)=x_p(t)*h_{LP}(t)=\sum_{n=-\infty}^{\infty}x[n]h_{LP}(t-nT)=\sum_{n=-\infty}^{\infty}x[n]\frac{\sin(\pi(t/T-n))}{\pi(t/T-n)} \tag{3.14}$$

由此可知，将模拟低通滤波器的冲激响应在时域平移 nT，幅度乘以比例因子 $x[n]$，$-\infty<n<\infty$，然后把所有平移项相加得到重构的模拟信号。这就是从离散时间信号重构模拟信号的方法。

3.2　带通信号采样与恢复

前面的讨论假设模拟信号的带限频谱范围是从直流到某个最高频率 $\varOmega_m$，这类信号通常称为低通信号。在一些应用中，比如，通信中将低通信号调制到更高频率上，模拟信号带限频谱处在更高的频率范围 $\varOmega_L\leqslant\varOmega\leqslant\varOmega_H$，这类模拟信号称为带通信号。对于带通信号的采样，我们自然可以根据奈奎斯特或香农采样定理，选择采样频率 $\varOmega_T$ 大于等于最高频率的两倍，即 $\varOmega_T\geqslant 2\varOmega_H$。但如果 $\varOmega_H$ 很高，则 $\varOmega_T$ 也会很大，有时甚至难以实现。实际上，我们可以根据带通信号的带宽 $B=\varOmega_H-\varOmega_L$ 来选择采样频率。

3.2.1　均匀采样

均匀采样也称为一阶采样，是一种常用的周期采样模式。假设带通信号的频谱如图 3.3 所示，图中，$\varOmega_c=(\varOmega_L+\varOmega_H)/2$，采样频率为 $\varOmega_T$，采样得到的离散时间信号 $x[n]=x(nT)$ 的频谱为[2]

$$X(\mathrm{e}^{\mathrm{j}\omega})=\frac{1}{T}\sum_{k=-\infty}^{\infty}X_a(\mathrm{j}(\omega/T-k\varOmega_T)) \tag{3.15}$$

或者写成

$$X(\mathrm{e}^{\mathrm{j}\Omega_T}) = \frac{1}{T}\sum_{k=-\infty}^{\infty} X_a\left[\mathrm{j}(\Omega - k\Omega_T)\right] \tag{3.16}$$

1. 整数频带

当带通信号最高频率为其带宽的整数倍时，即 $\Omega_H = mB$，m 为整数，可用下面的公式重构[2]：

$$x_a(t) = \sum_{n=-\infty}^{\infty} x[n] g_a(t - nT) \tag{3.17}$$

其中，$g_a(t)$ 是带通频率门函数的傅里叶逆变换，即

$$g_a(t) = \frac{\sin(Bt/2)}{Bt/2}\cos(\Omega_c t) \tag{3.18}$$

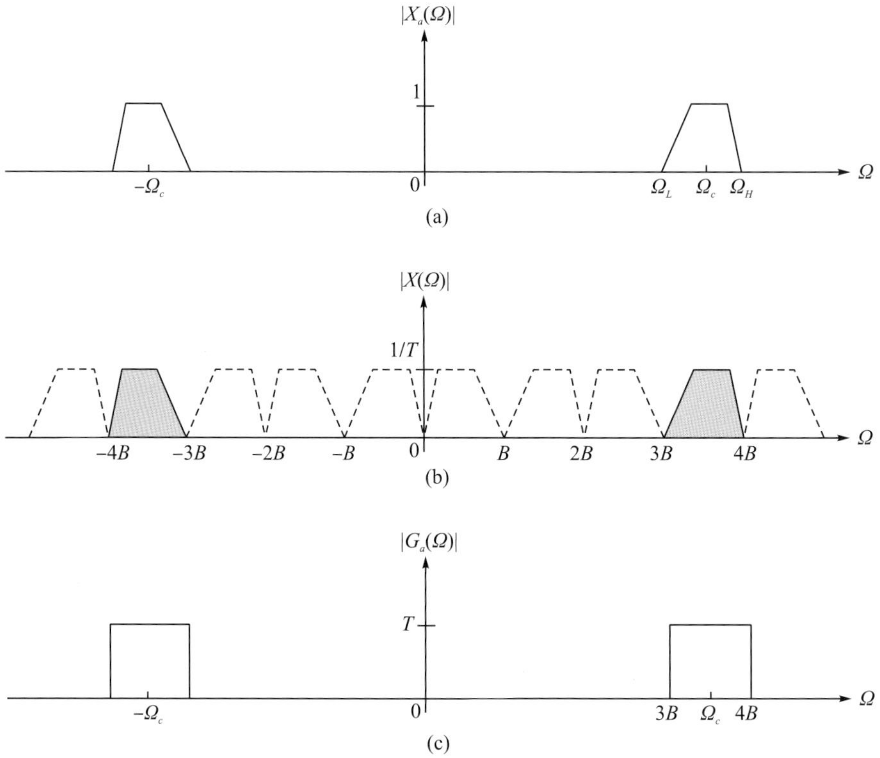

图 3.3 最高频率为带宽整数倍时的带通信号采样与恢复[2]

2. 任意频带

如果带通信号的最高频率不是带宽的整数倍，或者说，信号频带位置是任意的，则为了防止频谱混叠，采样频率 Ω_s 应满足下列关系[2]：

$$\frac{2\Omega_H}{k} \leqslant \Omega_s \leqslant \frac{2\left(\Omega_H - B\right)}{k-1} \tag{3.19}$$

其中，k 为整数，且

$$1 \leqslant k \leqslant \frac{\Omega_H}{B}$$

当 $k=1$ 时，有 $2\Omega_H \leqslant \Omega_s \leqslant \infty$，这就是低通信号采样定理的条件。

3.2.2　非均匀采样

非均匀采样也称为二阶带通采样。假设在时刻 $t = nT_i + \Delta_i$ 以采样率 $\Omega_i = 2\pi / T_i$ 对模拟信号 $x_a(t)$ 进行采样，其中 Δ_i 为固定时间偏置。则第 i 个采样序列可以表示为[2]

$$x_i\left(nT\right) = x_a\left(nT_i + \Delta_i\right),\ -\infty < t < \infty \tag{3.20}$$

若重构滤波器为 $g_a^{(i)}\left(t\right)$，则第 i 个模拟信号重构表示为

$$y_a^{(i)}\left(t\right) = \sum_{-\infty}^{\infty} x_i\left(nT_i\right) g_a^{(i)}\left(t - nT_i - \Delta_i\right) \tag{3.21}$$

假设连续进行 p 次采样，则可得重构模拟信号：

$$y_a\left(t\right) = \sum_{i=1}^{p} y_a^{(i)}\left(t\right) \tag{3.22}$$

最常用的二阶带通采样参数设置为：$p=2$，$\Delta_1 = 0$，$\Delta_2 = \Delta$，$T_1 = T_2 = T = 1/B$，如图 3.4 所示。

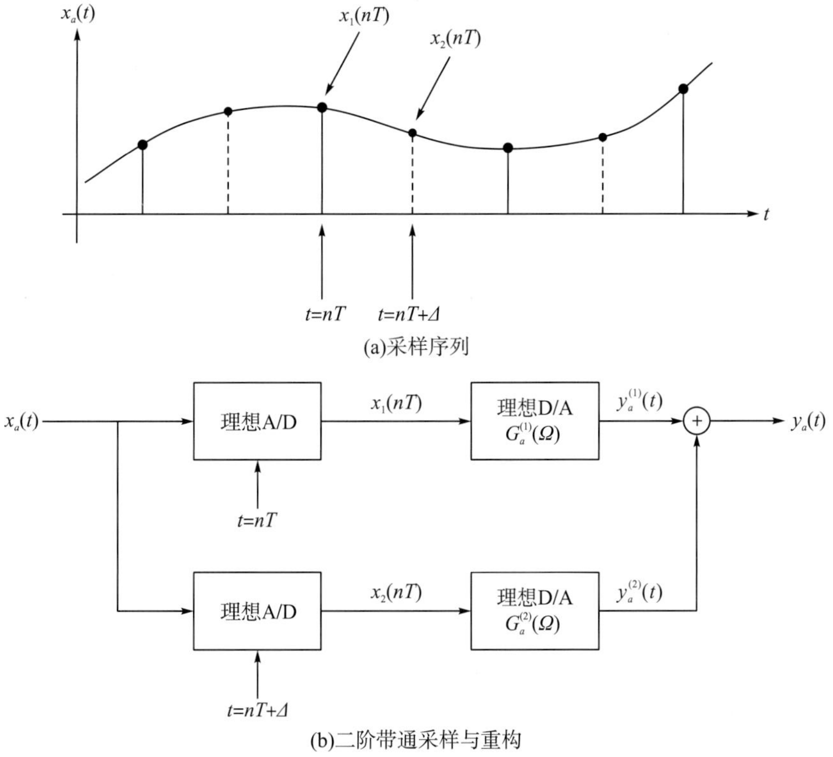

图 3.4　二阶带通采样[2]

3.3 稀疏信号压缩采样与重构

信号处理应用中的许多问题均涉及非常高带宽的射频(radio frequency，RF)信号。根据香农/奈奎斯特采样定理，如果采用高速率模数转换器(analog to digital converter，ADC)对这些信号进行采样，将面临一个严重的挑战。那么，我们是否可以开发出更有效的方案来处理这些信号呢？答案是肯定的。本节介绍几种常用的压缩采样系统及信号重构方法。

3.3.1 随机解调器

随机解调器(RD)是一种基于压缩感知的均匀亚奈奎斯特采样策略，用于获取频谱稀疏的连续时间信号。

1. 采样过程分析

假设 $x_a(t)$ 是一个多声频信号(multitone signal)，也就是一个带限的、周期的模拟信号。将信号 $x_a(t)$ 用傅里叶级数表示，即

$$x_a(t)=\sum_{n=-N/2}^{N/2-1}X(n)\mathrm{e}^{\mathrm{j}2\pi nt/T_x} \tag{3.23}$$

式中，$X(n)$ 为傅里叶级数的系数；T_x 为模拟信号 $x_a(t)$ 的周期。由于 $x_a(t)$ 是带限信号，因此，有 $-\pi W\leqslant 2\pi n/T_x<\pi W$。令 $N=T_xW$，即有 $-N/2\leqslant n<N/2$，傅里叶级数的系数为 N+1，若其中非零系数为 K，且 $K\ll N$，则说模拟信号 $x_a(t)$ 是稀疏的(sparse)。理想情况下，我们可用信号稀疏度整数倍的采样率，而不是用采样定理规定的带宽两倍的采样率，对模拟信号进行采样。

随机解调器是一种获取稀疏多声频信号的均匀亚奈奎斯特采样系统[3-5]，如图 3.5 所示。模拟信号 $x_a(t)$ 与周期削波信号 $p(t)$ 相乘，然后通过模拟滤波器进行滤波，最后以亚奈奎斯特采样率对滤波信号进行采样，得到离散时间信号 $y[k]$。设削波信号 $p(t)$ 的周期为 T_p (s)，削波率为 W(Hz)，且 T_p 为奈奎斯特周期的整数倍，$T_p=L/W$，$L>1$。随机解调器相关的信号如图 3.6 所示，其中，图 3.6(a)显示了一个典型的稀疏多声频信号的一个周期($W=10$，$N=10$，$T_x=1$)；图 3.6(b)显示了 $p(t)$ ($L=10$，$T_p=1$)的波形；图 3.6(c)显示了理想积分器($M=2$)的冲激响应的一个周期。

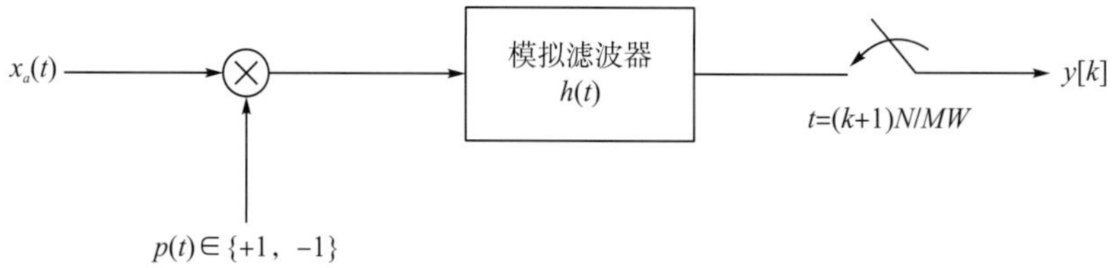

图 3.5 随机解调器[3]

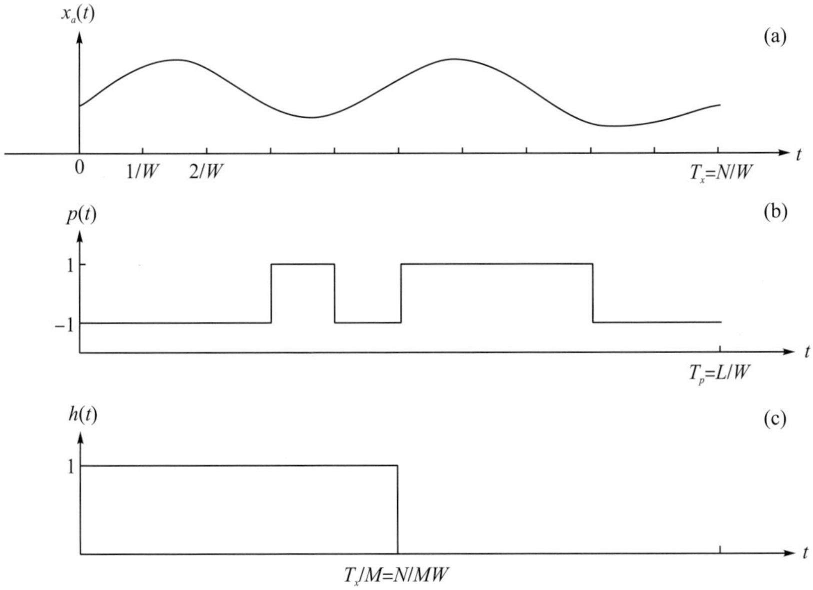

图 3.6　随机解调器相关的信号[3]

削波信号 $p(t)$ 的傅里叶级数表示为

$$p(t)=\sum_{n=-\infty}^{\infty}P(n)\mathrm{e}^{\mathrm{j}2\pi nt/T_p} \tag{3.24}$$

式中，$P(n)$ 为傅里叶级数系数。

滤波器 $h(t)$ 是理想的积分器，其冲激响应为 $h(t)=\mathrm{rect}(2Mt/T_x-1)$，其中：

$$\mathrm{rect}(x)=\begin{cases}1, & -1\leqslant x\leqslant 1\\ 0, & \text{其他}\end{cases} \tag{3.25}$$

假设 M 能被 N 整除，并且 $x_a(t)$ 的周期（观测间隔）等于 $p(t)$ 的周期（$T_x=T_p$）。在信号恢复问题中，非零傅里叶系数的具体数目和位置是未知的。因此，目标是恢复非零傅里叶级数系数的支撑（即频率）和振幅，并从亚奈奎斯特样本中重构原始输入信号。

2. 信号重构

由图 3.5 可知，如果模拟滤波器的输出信号为 $g(t)$，则有

$$\begin{aligned}g(t)&=x_a(t)p(t)*h(t)=\int_{-\infty}^{\infty}x_a(\tau)p(\tau)h(t-\tau)\,\mathrm{d}\tau\\&=\int_{t-\frac{T_x}{M}}^{t}x_a(\tau)p(\tau)\,\mathrm{d}\tau=\sum_{n=-N/2}^{N/2-1}X(n)\int_{t-\frac{T_x}{M}}^{t}p(\tau)\mathrm{e}^{\mathrm{j}2\pi n\tau/T_x}\,\mathrm{d}\tau\end{aligned} \tag{3.26}$$

式中，*表示卷积运算。在 $t=(k+1)T_x/M\ (k=0,1,2,\cdots)$ 时刻对 $g(t)$ 进行采样，可得离散时间信号 $y[k]$，其表达式如下：

$$
\begin{aligned}
y[k] &= g[(k+1)T_x/M] = \sum_{n=-N/2}^{N/2-1} X(n)\int_{kT_x/M}^{(k+1)T_x/M} p(\tau)\mathrm{e}^{\mathrm{j}2\pi n\tau/T_x}\,\mathrm{d}\tau \\
&= \sum_{n=-N/2}^{N/2-1} X(n)\sum_{m=0}^{N/M-1}\int_{kT_x/M+m/W}^{kT_x/M+(m+1)/W} p(\tau)\mathrm{e}^{\mathrm{j}2\pi n\tau/T_x}\,\mathrm{d}\tau \\
&= \sum_{n=-N/2}^{N/2-1}\sum_{k=0}^{N/M-1} p_{kT_x/M+m}X(n)\int_{kT_x/M+m/W}^{kT_x/M+(m+1)/W} \mathrm{e}^{\mathrm{j}2\pi n\tau/T_x}\,\mathrm{d}\tau \\
&= \begin{cases} T_x\displaystyle\sum_{n=-N/2}^{N/2-1}\sum_{k=0}^{N/M-1} p_{kT_x/M+m}X(n)\frac{\mathrm{e}^{\mathrm{i}2\pi n/N}-1}{\mathrm{j}2\pi n}\mathrm{e}^{\mathrm{j}2\pi n(mN/M+k)}, & n\neq 0 \\ \dfrac{1}{W}\displaystyle\sum_{n=-N/2}^{N/2-1}\sum_{m=0}^{N/M-1} p_{kT_x/M+m}X(n), & n=0 \end{cases}
\end{aligned}
\tag{3.27}
$$

式中，$p_{kT_x/M+m}=p(kT_x/M+m/W)$。令 $l=kN/M+m$，则

$$
y[k]=\frac{N}{W}\sum_{n=-N/2}^{N/2-1}\sum_{l=k\frac{N}{M}}^{(k+1)\frac{N}{M}-1} p_l\frac{\mathrm{e}^{\mathrm{j}\frac{2\pi}{N}n}-1}{\mathrm{j}2\pi n}\mathrm{e}^{\mathrm{j}\frac{2\pi}{N}nl}X(n),\quad k=0,1,2,\cdots \tag{3.28}
$$

对于实际的系统，用于处理的输出样本数目是有限的，假设使用 M 个样本进行处理。数学上，这等效于对输出序列 $y[k]$ 进行加窗运算，窗的宽度为 M。但是，加窗对随机解调器的操作并没有发挥重要的作用，因为信号重构与保持或处理频域信息无关，而重构则依赖于压缩感知恢复算法。将式(3.28)写成矩阵形式，可得

$$
\boldsymbol{y}=\boldsymbol{\Phi\Psi s} \tag{3.29}
$$

其中，$\boldsymbol{y}=[y(0),y(1),\cdots,y(M-1)]^{\mathrm{T}}$；$\boldsymbol{\Psi}$ 是 $N\times N$ 的稀疏矩阵，其在 (n,l) 位置的元素为 $\mathrm{e}^{\mathrm{j}\frac{2\pi}{N}nl}$，$n=-N/2,\cdots,N/2-1$，$l=0,\cdots,N-1$。$\boldsymbol{\Phi}$ 是 $M\times N$ 的测量矩阵，表示为

$$
\boldsymbol{\Phi}=\begin{bmatrix} p_0 \ \cdots \ p_{N/M-1} & & & \\ & p_{N/M} \ \cdots \ p_{2N/M-1} & & \\ & & \ddots & \\ & & & p_{(M-1)N/M} \ \cdots \ p_{N-1} \end{bmatrix} \tag{3.30}
$$

另外，

$$
\boldsymbol{s}=\begin{bmatrix} \alpha_{-N/2}X\left(-\dfrac{N}{2}\right) \\ \vdots \\ \alpha_{N/2-1}X\left(\dfrac{N}{2}-1\right) \end{bmatrix},\quad \alpha_n=\frac{T_x}{\mathrm{j}2\pi n}\left(\mathrm{e}^{\mathrm{j}\frac{2\pi}{N}n}-1\right),\quad \alpha_0=\frac{1}{W} \tag{3.31}
$$

上述矩阵方程是由 Tropp 等[5]推导出来的，它将离散的时域输出样本 $y[k]$ 与输入信号的傅里叶级数系数 $X(n)$ 联系了起来。

由于问题的稀疏性，并且假设矩阵 $\boldsymbol{\Phi\Psi}$ 满足一定的条件，则从样本 $y[k]$ 中重构 $x_a(t)$ 是可能的。通常，要使矩阵方程可逆，需要获取 $M=N$ 个样本。但由于输入信号 $x_a(t)$ 的稀疏性，能获得的样本数 M 远远小于 N。理想情况下，我们希望找到与数据一致的最稀疏解(即非零傅里叶级数系数的最小数)。

$$\hat{\boldsymbol{s}} = \arg\min \|\boldsymbol{v}\|_0, \quad \text{subject to } \boldsymbol{A}\boldsymbol{v} = \boldsymbol{y} \tag{3.32}$$

式中，$\boldsymbol{A} = \boldsymbol{\Phi}\boldsymbol{\Psi}$。$\|\cdot\|_0$ 表示 l_0 范数，它只是简单地计算其参数中的非零元素数。由于其组合性质，上式通常难以计算。幸运的是，许多现有的压缩感知算法都可以用来恢复(估计)$\boldsymbol{s}$。例如，l_1 最小化[6]、正交匹配追踪(OMP)[7]或迭代硬阈值[8]都适用。

通过估计值 $\hat{\boldsymbol{s}}$，就可以得到非零的傅里叶级数系数的大小及其位置的估计值。也就是说获得了一组傅里叶级数系数的索引值 Ω，代表输入信号 $x_a(t)$ 的频谱支撑，$X(n), n \in \Omega \subset [-N/2, N/2-1]$。由此，可以恢复原始模拟信号：

$$\hat{x}(t) = \sum_{n \in \Omega} \hat{X}(n) \mathrm{e}^{\mathrm{j}\frac{2\pi}{T_x}nt} \tag{3.33}$$

3.3.2　多陪集采样

多陪集(multi-coset，MC)采样是一种用于获取连续时间的频谱稀疏信号(稀疏多频带信号)的周期非均匀亚奈奎斯特采样技术，最初是由 Feng 和 Bresler 提出来的。本节对多陪集采样系统进行简要分析，给出输入和输出信号的频谱之间的线性关系、完美重构的条件和重构算法。

1. 信号模型与采样系统描述

设 $x(t)$ 是一个平方可积的、带限的连续时间信号，其所有能量集中在一个或多个不相交的频带内，因此称为稀疏多频带信号。用 $X(\mathrm{j}\omega)$ 表示 $x(t)$ 的傅里叶变换，即

$$X(\mathrm{j}\omega) = \int_{-\infty}^{\infty} x(t) \mathrm{e}^{-\mathrm{j}\omega t} \mathrm{d}t$$

式中，$x(t)$ 是带限的，即当 $-W \leqslant \omega/\pi < W$ 时，$X(\mathrm{j}\omega) = 0$。W 是奈奎斯特频率，则 $W/2$ 是信号的带宽。多频带信号的频谱支撑是包含信号能量的频率区间的并集。因此，稀疏多频带信号是一种多频段信号，其频谱支撑具有相对于整体信号带宽较小的勒贝格测度(Lebesgue measure)[9-11]。如果所有活动频带的带宽相同，均为 B(Hz)，且信号由 K 个不相交的频带组成，则稀疏多频带信号满足 $KB \ll W$。

多陪集采样是一种用于获取稀疏多频带信号[11-15]的周期非均匀亚奈奎斯特采样技术。对于一个小于或等于奈奎斯特周期的固定时间间隔 T，一个合适的正整数 L，MC 采样器在 $t = (kL + c_i)T$ ($1 \leqslant i \leqslant q$，$k$①$=0,1,2,\cdots$)时刻采样，时间偏移 c_i 是小于 L 的不同正实数，统称为多陪集抽样模式。因此，该系统在 LT(s)的时间内采集 $q \leqslant L$ 个样本，等效的平均采样率为 $q/(LT)$ (Hz)。将 T 设置为等于奈奎斯特周期 $1/W$，因此，系统的采样率就是指奈奎斯特率。多陪集采样器参数为 q、L 和 c_i，系统设计需对这些参数进行适当的调整，以确保从输出样本中成功恢复 $x(t)$。MC 采样器容易用多通道系统实现，其中第 i 个信道将 $x(t)$ 移位 c_i/W(s)，然后以 W/L(Hz)进行均匀采样，如图 3.7 所示。

① k 为有限整数值，视具体情况而定。

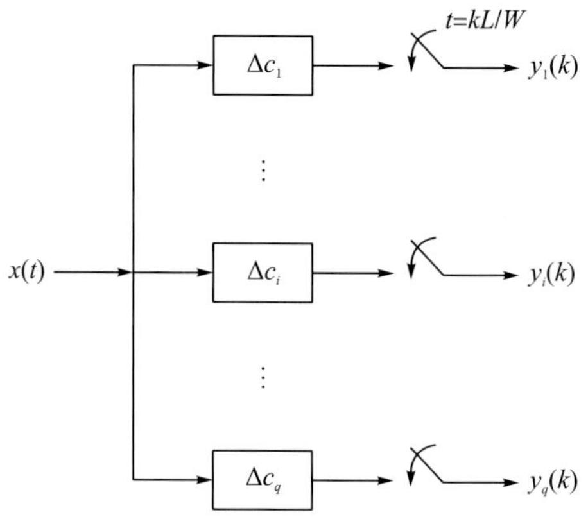

图 3.7　实现多陪集采样的多通道系统(基本采样周期等于奈奎斯特采样周期 $1/W$)

注：Δc_i 表示时间延迟

2. 采样系统分析

下面从时域和频域对 MC 采样器进行分析。为了简洁起见，用 FT 表示傅里叶变换，用 DTFT 表示离散时间傅里叶变换。

对于稀疏多频带信号 $x(t)$，从图 3.7 可得如下关系：

时移：

$$x\left(t+c_i/W\right)\xleftrightarrow{\text{FT}}X(\text{j}\omega)\text{e}^{\text{j}\frac{c_i}{W}\omega} \tag{3.34}$$

采样/混叠：

$$\begin{gathered} y_i(k)=x\left(kL/W+c_i/W\right) \\ \Big\updownarrow \text{DTFT};\frac{L}{W} \\ Y_i\left(\text{e}^{\text{j}\omega\frac{L}{W}}\right)=\frac{W}{L}\sum_{m=\left\lceil\frac{L}{2}\left(\frac{\omega}{\pi W}-1\right)\right\rceil+1}^{\left\lfloor\frac{L}{2}\left(\frac{\omega}{\pi W}+1\right)\right\rfloor}X\left(\text{j}\omega-\text{j}2\pi\frac{W}{L}m\right)\text{e}^{\text{j}\frac{c_g}{W}\left(\omega-2\pi\frac{W}{L}m\right)} \end{gathered} \tag{3.35}$$

对于给定的 ω，求和的上下限是有限的，因为假设 $x(t)$ 是带限的。因为 $Y_i(\text{e}^{\text{j}\omega L/W})$ 以 $2\pi W/L$ 为周期，因此在不丢失信息的情况下，将 $Y_i(\text{e}^{\text{j}\omega L/W})$ 限制在一个周期内，将 ω 限制在$[-\pi W/L,\pi W/L)$ 范围内，可得

$$\text{e}^{-\text{j}\frac{c_i}{W}\omega}Y_i\left(\text{e}^{\text{j}\omega\frac{L}{W}}\right)\mathbf{1}_{\left[-\frac{\pi W}{L},\frac{\pi W}{L}\right)}=\frac{W}{L}\sum_{m=-\left\lfloor\frac{1}{2}(L+1)\right\rfloor+1}^{\left\lfloor\frac{1}{2}(L+1)\right\rfloor}\text{e}^{-\text{j}\frac{2\pi}{L}c_i m}X\left(\omega-2\pi\frac{W}{L}m\right)\mathbf{1}_{\left[-\frac{\pi W}{L},\frac{\pi W}{L}\right)} \tag{3.36}$$

式中，$i=1,2,\cdots,q$；$\mathbf{1}_{[\cdot)}$表示指示函数。注意，对$[-\pi W/L,\pi W/L)$的限制消除了求和限中对 ω 的依赖，因为在这个区间内，$Y_i(\text{e}^{\text{j}\omega L/W})$ 是 $x(t)$ 的一组特定(有限)频谱段的线性组合。因此，可以把这个表达式写成矩阵-向量形式：

$$\boldsymbol{z}(\omega)=\boldsymbol{\Phi}\boldsymbol{s}(\omega) \tag{3.37}$$

其中，

$$\begin{cases} z_i(\omega) = \mathrm{e}^{-\mathrm{j}\frac{c_q}{W}\omega} Y_i\left(\mathrm{e}^{\mathrm{j}\omega\frac{L}{W}}\right)\mathbf{1}_{\left[-\frac{\pi W}{L},\frac{\pi W}{L}\right)} \\ \varPhi_{i,l} = \frac{W}{L}\mathrm{e}^{-\mathrm{j}\frac{2\pi}{L}c_i m_l} \\ s_l(\omega) = X\left(\omega - 2\pi\frac{W}{L}m_l\right)\mathbf{1}_{\left[-\frac{\pi W}{L},\frac{\pi W}{L}\right)} \end{cases} \tag{3.38}$$

其中，$i=1,2,\cdots,q$；$l=1,2,\cdots,L$；$m_l=-\lfloor (L+1)/2\rfloor+l$，$\lfloor.\rfloor$表示向下取整操作。

3. 支撑恢复与完美重构

支撑恢复是指识别$\boldsymbol{s}(\omega)$中哪些元素包含$x(t)$的活动频带的过程。由于$\boldsymbol{s}(\omega)$的每个元素都是宽度为W/L(Hz)的$X(\mathrm{j}\omega)$的光谱切片，识别有源切片只能确定在W/L(Hz)分辨率内的真实频带支撑(被占用频带的带宽)。尽管如此，多陪集重构在理论上可以恢复$x(t)$的整个频谱，这一点是很重要的[9]。

$\boldsymbol{s}(\omega)$的支撑恢复是$x(t)$重构的必要步骤，因为它允许式(3.37)中的欠定线性系统的反演。因为我们假定$x(t)$是频谱稀疏的，$\boldsymbol{s}(\omega)$的大多数元素不包含活动频带，因此，如果可以识别出$\boldsymbol{s}(\omega)$的活动元素，就可以充分降低$\boldsymbol{s}(\omega)$和$\boldsymbol{\varPhi}$的维数，从而可以对式(3.37)求逆。支撑恢复取决于信道输出的协方差矩阵，特别是协方差矩阵的空间范围。在本章文献[11]和文献[12]中，Feng 和 Bresler 利用协方差矩阵的厄米特(Hermitian)对称性，并使用特征分解梳理出支撑，在著名的多信号分类(multiple signal classification，MUSIC)算法[16]中同样使用该方法。

设$\varOmega\subset\{1,\cdots,L\}$是标记$\boldsymbol{s}(\omega)$非零元素位置的索引集，恢复支撑$\boldsymbol{s}(\omega)$意味着我们希望发现$\varOmega$。因为$\boldsymbol{s}(\omega)$是$|\varOmega|$-稀疏的，所以$\boldsymbol{z}(\omega)$将只是$\boldsymbol{\varPhi}$的某些列的线性组合。这些列的索引集正是$\varOmega$的。因此，如果能够识别出$\boldsymbol{\varPhi}$的活动列[对于这个给定的$\boldsymbol{s}(\omega)$]，那么就可以恢复对$\boldsymbol{s}(\omega)$的支撑。考虑$\boldsymbol{z}(\omega)$的$q\times q$协方差矩阵：

$$\begin{aligned} \boldsymbol{R}_z &= \int_{-\pi\frac{W}{L}}^{\pi\frac{W}{L}} \boldsymbol{z}(\omega)\boldsymbol{z}^{\mathrm{H}}(\omega)\mathrm{d}\omega \\ &= \boldsymbol{\varPhi}\left[\int_{-\pi\frac{W}{L}}^{\pi\frac{W}{L}} \boldsymbol{s}(\omega)\boldsymbol{s}^{\mathrm{H}}(\omega)\mathrm{d}\omega\right][\boldsymbol{\varPhi}]^{\mathrm{H}} \\ &= \boldsymbol{\varPhi}\boldsymbol{R}_s\boldsymbol{\varPhi}^{H} \end{aligned} \tag{3.39}$$

式中，H 为厄米特转置；$\boldsymbol{R}_s$为$\boldsymbol{s}(\omega)$中频谱切片的协方差矩阵。由于$\boldsymbol{s}(\omega)$是$|\varOmega|$稀疏的，因此$\boldsymbol{R}_s$中除$|\varOmega|$个行和列外，其余所有行和列都为零。这样可以用$\boldsymbol{R}_s$和$\boldsymbol{\varPhi}$的简化形式来重写$\boldsymbol{R}_z$，即

$$\boldsymbol{R}_z = \boldsymbol{\varPhi}_{\varOmega}\left[\boldsymbol{R}_s\right]\varOmega\left[\boldsymbol{\varPhi}_{\varOmega}\right]^{\mathrm{H}} \tag{3.40}$$

其中，$\boldsymbol{\varPhi}_{\varOmega}$表示由$\varOmega$索引的$\boldsymbol{\varPhi}$中的列组成的子矩阵。如果$\mathrm{rank}([\boldsymbol{R}_s]_{\varOmega})=|\varOmega|$，且通过选择合适的采样模式，$\mathrm{rank}(\boldsymbol{\varPhi}_{\varOmega})=|\varOmega|$，那么式(3.40)意味着$\mathrm{rank}(\boldsymbol{R}_z)=|\varOmega|$。现在考虑$\boldsymbol{R}_z$的特征分解，$\boldsymbol{R}_z=\boldsymbol{U}\boldsymbol{\varLambda}\boldsymbol{U}^{\mathrm{H}}$，其中$\boldsymbol{U}$是$\boldsymbol{R}_z$的特征向量矩阵，$\boldsymbol{\varLambda}$是由$\boldsymbol{R}_z$的特征值构成的对角矩阵。由于$\mathrm{rank}(\boldsymbol{R}_z)=|\varOmega|$，$\boldsymbol{R}_z$只有$|\varOmega|$个非零特征值，因此，特征分解可以改写为

$$\begin{aligned}\boldsymbol{R}_z &= \boldsymbol{U}_s\boldsymbol{\Lambda}_s\boldsymbol{U}_s^{\mathrm{H}} + \boldsymbol{U}_n\boldsymbol{\Lambda}_n\boldsymbol{U}_n^{\mathrm{H}} \\ &= \boldsymbol{U}_s\boldsymbol{\Lambda}_s\boldsymbol{U}_s^{\mathrm{H}}\end{aligned} \tag{3.41}$$

其中，$\boldsymbol{\Lambda}_s$ 和 $\boldsymbol{\Lambda}_n$ 分别为包含非零特征值和零特征值的对角线矩阵[$\boldsymbol{\Lambda}_s$ 为$|\Omega|\times|\Omega|$，$\boldsymbol{\Lambda}_n$ 为$(q-|\Omega|)\times(q-|\Omega|)$]；$\boldsymbol{U}_s$ 和 $\boldsymbol{U}_n$ 为相关的特征向量矩阵。上式表明，$\boldsymbol{U}_s$ 的列与 $\boldsymbol{R}_z$ 的列所张成的空间相同，即 $\mathrm{range}(\boldsymbol{R}_z)=\mathrm{range}(\boldsymbol{U}_s)$，且空间维度为$|\Omega|$。因为式(3.40)表明 $\mathrm{range}(\boldsymbol{R}_z)=\mathrm{range}(\boldsymbol{\Phi}_\Omega)$，因此 $\mathrm{range}(\boldsymbol{U}_s)=\mathrm{range}(\boldsymbol{\Phi}_\Omega)$。这意味着，可以通过确定 $\boldsymbol{\Phi}$ 中的哪些列位于 $\boldsymbol{U}_s$ 的列所确定的空间中来识别 $\boldsymbol{\Phi}$ 的活动列。同样，正如本章文献[11]和文献[14]中所指出的，这种方法本质上是一个修正的 MUSIC 算法。

因此，给定 $\boldsymbol{R}_z$，可以将其进行特征分解，识别 $\boldsymbol{U}_s$，并将 $\boldsymbol{\Phi}$ 的列投影到 $\mathrm{range}(\boldsymbol{U}_s)$ 上。如果某一特定的列位于 $\mathrm{range}(\boldsymbol{U}_s)$ 中，则该列属于 $\boldsymbol{\Phi}_\Omega$，或者说，它的列索引位于 Ω 中。因此，如果对 $\boldsymbol{R}_z$ 有完全知识，如果 $\boldsymbol{R}_s$ 满秩，$q\geqslant|\Omega|$，且 $\boldsymbol{\Phi}$ 的每$|\Omega|$个列都是线性独立的，那么对于稀疏多频带信号，MC 采样器理论上可以实现完美的支撑恢复。如果 $\boldsymbol{R}_s$ 不是满秩的，可以通过最小二乘法寻找近似解。

一旦支撑已知，式(3.40)可以使用伪逆进行求逆运算，前提是式(3.40)是一个确定的或超定的线性方程组，即当 $q\geqslant|\Omega|$时，有

$$\boldsymbol{s}_\Omega(\omega)=\left(\left[\boldsymbol{\Phi}_\Omega\right]^{\mathrm{T}}\boldsymbol{\Phi}_\Omega\right)^{-1}\left[\boldsymbol{\Phi}_\Omega\right]^{\mathrm{T}}\boldsymbol{z}(\omega) \tag{3.42}$$

如果格拉姆(Gram)矩阵$[\boldsymbol{\Phi}_\Omega]^{\mathrm{T}}\boldsymbol{\Phi}_\Omega$的逆存在，则伪逆计算 $\boldsymbol{z}(\omega)=\boldsymbol{\Phi}_\Omega\boldsymbol{s}_\Omega(\omega)$的唯一最小二乘解[16]。众所周知，当且仅当 $\boldsymbol{\Phi}_\Omega$的列是线性独立时，这种逆才存在。此外，如本章文献[11]所述，在这种情况下，最小二乘解是真实解，而不是估计值，因为稀疏模型 $\boldsymbol{s}_\Omega(\omega)$(给定正确的支撑 Ω)可以完美地解释所有数据。因此，对于$|\Omega|$稀疏多频带信号，保证给出正确支撑的唯一解的充要条件是测量数 q 大于$|\Omega|$，并且 $\boldsymbol{\Phi}$ 的每$|\Omega|$列子矩阵都是满秩的。

定理 1(完美重构的充要条件) 设 $x(t)$为稀疏多频带信号，已知带宽为 $W/2$(Hz)，但频谱支撑未知。假设真实的协方差矩阵 $\boldsymbol{R}_z$ 已知，且 $\boldsymbol{R}_s$ 是满秩矩阵。那么，从其多陪集样本 $y(k)$中完美地重构 $x(t)$的充分必要条件：①$|\Omega|\leqslant q\leqslant L<\infty$，②$\boldsymbol{\Phi}$ 的每$|\Omega|$个列子矩阵都满秩。

对于 MC 采样器，可以通过适当选择采样模式$\{c_i\}$来保证在 $\boldsymbol{\Phi}$ 上的条件。研究发现，均匀随机选择 c_i 就足够了[11，12]。

在理想情况下，确实存在能正确恢复 $\boldsymbol{s}(\omega)$的支撑条件(信号模型真正适用，且没有噪声)。然而，如果不能正确地恢复所有活动切片的支撑，就不可能进行完美的重构。如果识别的支撑包含真正的支撑加上一些非活动切片，影响可能是显著的。在恢复所有活动频带时，还恢复了只包含噪声的频谱段。这种效果的重要性取决于应用程序。

4. 信号重构

1)利用 $\boldsymbol{R}_z$ 完全知识进行重构

$$\boldsymbol{s}_\Omega(\omega)=\boldsymbol{\Phi}_\Omega^{\dagger}\boldsymbol{z}(\omega),\quad s_{\Omega,l}(\omega)=\sum_{i=1}^{q}\beta_{l,i}z_i(\omega) \tag{3.43}$$

式中，$\boldsymbol{\Phi}_\Omega^{\dagger}=\boldsymbol{\Phi}_\Omega^{*}\left(\boldsymbol{\Phi}_\Omega^{*}\boldsymbol{\Phi}_\Omega\right)^{-1}\boldsymbol{\Phi}_\Omega$，表示 $\boldsymbol{\Phi}_\Omega$ 的伪逆；$\beta_{l,i}$ 为 $\boldsymbol{\Phi}_\Omega^{\dagger}$的元素。因为时域输出 $y_i(k)$很

容易获得，所以将式(3.43)变为时域形式很方便。取逆 FT，有

$$
\begin{aligned}
s_{\Omega,l}(t) &= \frac{1}{2\pi}\int_{-\infty}^{\infty} s_{\Omega,l}(\omega)\mathrm{e}^{\mathrm{j}\omega t}\,\mathrm{d}\omega \\
&= \frac{1}{2\pi}\int_{-\pi\frac{W}{L}}^{\pi\frac{W}{L}} s_{\Omega,l}(\omega)\mathrm{e}^{\mathrm{j}\omega t}\,\mathrm{d}\omega \\
&= \frac{1}{2\pi}\sum_{i=1}^{q}\beta_{l,i}\int_{-\pi\frac{W}{L}}^{\pi\frac{W}{L}} z_i(\omega)\mathrm{e}^{\mathrm{j}\omega t}\,\mathrm{d}\omega \\
&= \frac{1}{2\pi}\sum_{i=1}^{q}\beta_{l,i}\frac{L}{W}\int_{-\pi\frac{W}{L}}^{\pi\frac{W}{L}} \mathrm{e}^{-\mathrm{j}\frac{c_i}{W}\omega} Y_i\left(\mathrm{e}^{\mathrm{j}\omega\frac{L}{W}}\right)\mathrm{e}^{\mathrm{j}\omega t}\,\mathrm{d}\omega
\end{aligned}
\tag{3.44}
$$

其中，第二个等式成立是因为 $s_{\Omega,l}(\omega)$ 仅在 $[-\pi W/L,\pi W/L)$ 区间上为非零值。从最后一个等式给出的模型，可以得出连续时间信号 $x(t)$ 和奈奎斯特样本 $x(k/W)$ 的重构公式。

为了重构 $x(t)$，用 DTFT 的定义代替式(3.44)中的 $Y_i(\mathrm{e}^{\mathrm{j}\omega L/W})$，得到：

$$
\begin{aligned}
s_{\Omega,l}(t) &= \frac{1}{2\pi}\sum_{i=1}^{q}\beta_{l,i}\frac{L}{W}\int_{-\pi\frac{W}{L}}^{\pi\frac{W}{L}} \mathrm{e}^{-\mathrm{j}\frac{c_i}{W}\omega}\sum_{m=-\infty}^{\infty} y_i(m)\mathrm{e}^{-\mathrm{j}m\omega}\frac{L}{W}\mathrm{e}^{\mathrm{j}\omega t}\,\mathrm{d}\omega \\
&= \frac{1}{2\pi}\sum_{i=1}^{q}\sum_{m=-\infty}^{\infty}\beta_{l,i}y_i(m)\int_{-\pi}^{\pi}\exp\left(-\mathrm{j}v\left(\frac{c_i}{L}+m-\frac{W}{L}t\right)\right)\mathrm{d}v \\
&= \sum_{i=1}^{q}\sum_{m=-\infty}^{\infty}\beta_{l,i}y_i(m)\operatorname{sinc}\left(\pi\left(\frac{t-c_i/W}{L/W}-m\right)\right)
\end{aligned}
\tag{3.45}
$$

函数 $s_{\Omega,l}(t)$ 是频谱切片 $\boldsymbol{s}_{\Omega}(\omega)$ 对应的时域形式，因此为了恢复 $x(t)$，将它们在频率上移到适当的频谱位置，则有

$$
x(t) = \sum_{l\in\Omega}\sum_{i=1}^{q}\sum_{m=-\infty}^{\infty}\beta_{l,i}y_i(m)\operatorname{sinc}\left(\pi\left(\frac{t-c_l/W}{L/W}-m\right)\right)\exp\left(\mathrm{j}2\pi\frac{W}{L}lt\right) \tag{3.46}
$$

为了重构奈奎斯特样本，考察式(3.44)的采样形式：

$$
\begin{aligned}
s_{\Omega,l}(k/W) &= \frac{1}{2\pi}\sum_{i=1}^{q}\beta_{l,i}\frac{L}{W}\int_{-\pi\frac{W}{L}}^{\pi\frac{W}{L}} \mathrm{e}^{-\mathrm{j}\frac{c_i}{W}\omega} Y_i\left(\mathrm{e}^{\mathrm{j}\omega\frac{L}{W}}\right)\mathrm{e}^{\mathrm{j}\omega\frac{k}{W}}\,\mathrm{d}\omega \\
&= \frac{1}{2\pi}\sum_{i=1}^{q}\beta_{l,i}\int_{-\pi}^{\pi} Y_i\left(\mathrm{e}^{\mathrm{j}v}\right)\mathrm{e}^{-\mathrm{j}\frac{c_i}{L}v}\mathrm{e}^{\mathrm{j}\frac{k}{L}v}\,\mathrm{d}v \\
&= \sum_{i=1}^{q}\beta_{l,i}y\left(k-\frac{c_i}{L}\right)
\end{aligned}
\tag{3.47}
$$

其中，第二个等式做了变量替换 $v=(L/W)\omega$，第三个等式利用了 DTFT 的正交性[1, 2]。把这些频谱切片移到合适的位置：

$$
x(k/W) = \sum_{l\in\Omega}\sum_{i=1}^{q}\beta_{l,i}y\left(k-\frac{c_i}{L}\right)\exp\left(\mathrm{j}\frac{2\pi}{L}lk\right) \tag{3.48}
$$

2) 利用 $\boldsymbol{R}_z$ 不完全知识进行重构

为了计算 $\boldsymbol{R}_z$ 的第 l 行和第 m 列，利用 DTFT 正交性来找到一个与输出样本相关的表达式：

$$\begin{aligned}
\left[\boldsymbol{R}_z\right]_{l,m} &= \int_{-\pi\frac{W}{L}}^{\pi\frac{W}{L}} z_l(\omega) z_m^*(\omega)\,\mathrm{d}\omega \\
&= \int_{-\pi\frac{W}{L}}^{\pi\frac{W}{L}} \left[\frac{L}{W}\mathrm{e}^{-\mathrm{j}\frac{c_l}{W}\omega} Y_l\left(\mathrm{e}^{\mathrm{j}\omega\frac{L}{W}}\right)\right]\left[\frac{L}{W}\mathrm{e}^{-\mathrm{j}\frac{c_m}{W}\omega} Y_m\left(\mathrm{e}^{\mathrm{j}\omega\frac{L}{W}}\right)\right]^* \mathrm{d}\omega \\
&= \frac{L}{W}\int_{-\pi}^{\pi}\left[\mathrm{e}^{-\mathrm{j}\frac{c_l}{L}\nu} Y_l\left(\mathrm{e}^{\mathrm{j}\nu}\right)\right]\left[\mathrm{e}^{-\mathrm{j}\frac{c_m}{L}\nu} Y_m\left(\mathrm{e}^{\mathrm{j}\nu}\right)\right]^* \mathrm{d}\nu \\
&= 2\pi\frac{L}{W}\sum_{k=-\infty}^{\infty} y_l\left(k-\frac{c_l}{L}\right) y_m^*\left(k-\frac{c_m}{L}\right)
\end{aligned} \tag{3.49}$$

其中，*表示共轭复数；第三个等式是由变量替换 $v = L/W\omega$ 得到的结果。因此，为了计算 $\boldsymbol{R}_z$，需要对输出样本进行采样模式偏移量的分数量平移。分数量平移的计算方法是，首先对 $y_i(k)$ 进行 L 倍因子插值，然后将所得结果进行适当的偏移量平移。式(3.49)的结果表明，要精确计算 $\boldsymbol{R}_z$，需要无穷多的数据。在实践中，最好的办法是给定有限数量得到一个估计 $\hat{\boldsymbol{R}}_z$ ：

$$\left[\hat{\boldsymbol{R}}_z\right]_{l,m} = 2\pi\frac{L}{W}\sum_{k=0}^{N-1} y_l\left(k-\frac{c_l}{L}\right) y_m^*\left(k-\frac{c_m}{L}\right) \tag{3.50}$$

式中，$N \in \mathbb{Z}^+$。使用有限数据确实会对原始信号的恢复产生影响，但分析较为复杂，请读者自行参考有关文献，限于篇幅，在此不再赘述。

3.3.3 调制宽带转换器

调制宽带转换器(MWC)是一种用于获取连续时间频谱稀疏信号的多通道均匀亚奈奎斯特采样技术。下面对 MWC 进行简要的数学描述，并给出准确的频率和时域描述。

1. 信号模型与系统描述

调制宽带转换器用于对连续时间频谱稀疏多频带信号进行亚奈奎斯特采样。带限信号 $x(t)$ 模型与 3.3.2 节描述一致，其傅里叶变换如式(3.34)。

MWC 是一种用于获取稀疏多波段信号的多通道均匀亚尼奎斯特采样策略[17]。MWC 具有 q 个采样通道，每个通道首先将一个稀疏的多频带信号 $x(t)$ 乘以随机周期信号 $p_i(t)$，$i = 1, 2, \cdots, q$，然后以亚奈奎斯特速率对乘积 $x(t)p_i(t)$ 进行滤波并采样，如图 3.8 所示。信号 $p_i(t)$ 是有限持续时间的不同随机方波的周期扩展，取值为$\{\pm 1\}$，具有共同的周期 T_p 和转换速率。这里假设转换速率等于奈奎斯特率 W，并假设 T_p 是奈奎斯特周期的整数倍 ($T_p = L/W$，$L > 1$)。信号 $p_i(t)$ 的傅里叶级数表示为[18]

$$p_i(t) = \sum_{n=-\infty}^{\infty} P_i(n)\mathrm{e}^{\mathrm{j}\frac{2\pi}{T_p}nt} \tag{3.51}$$

式中，$P_i(n)$ 是 $p_i(t)$ 的傅里叶级数系数。滤波器的冲激响应为 $h(t) = (\pi W/M)\,\mathrm{sinc}(\pi W/Mt)$，截止频率为 $\omega_s/2$ (rad/s)，$\omega_s = 2\pi/T_s = 2\pi W/M$。

MWC 及其相关的重构算法解决了占用频带的确切数目及其频谱位置未知的情况。因此，从亚奈奎斯特样本 $y_i(k)$，$i=1,2,\cdots,q$ 重构完整的信号，需要找到占用频带的数量、频谱位置及其振幅。

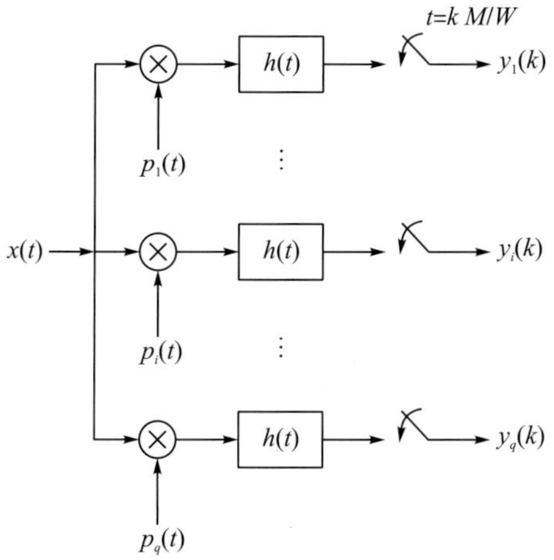

图 3.8　调制宽带转换器原理图

2. 采样系统分析

下面对调制宽带转换器进行基本时频域分析。设 $x(t)$ 是一个稀疏的多频带信号。由图 3.8 可知，第 i 个信道的时域和频域关系如下[18]。

(1) 时域相乘/频域卷积：

$$\begin{aligned} x(t)p_i(t) \xleftrightarrow{\text{FT}} & \sum_{m=-\infty}^{\infty} P_i(m)X\left(\mathrm{j}\omega-\mathrm{j}m\omega_p\right) \\ &= \sum_{m=\lceil(\omega-\pi W)/\omega_p\rceil+1}^{\lfloor(\omega+\pi W)/\omega_p\rfloor} P_i(m)X\left(\mathrm{j}\omega-\mathrm{j}m\omega_p\right) \end{aligned} \tag{3.52}$$

对于给定的 ω，求和限是有限的，因为 $x(t)$ 是带限的。符号 $\lceil\cdot\rceil$ 和 $\lfloor\cdot\rfloor$ 分别表示向上和向下取整操作，$\omega_p=2\pi W/L\,(\mathrm{rad/s})$。

(2) 时域卷积(滤波)/频域相乘：

$$\begin{aligned} g_i(t)=x(t)p_i(t)*h(t) \xleftrightarrow{\text{FT}} G_i(\mathrm{j}\omega) &= \sum_{m=\lceil(\omega-\pi W)/\omega_p\rceil+1}^{\lfloor(\omega+\pi W)/\omega_p\rfloor} P_i(m)X\left(\mathrm{j}\omega-\mathrm{j}m\omega_p\right)H(\mathrm{j}\omega) \\ &= \sum_{m=-\left\lfloor\frac{1}{2\omega_p}(\omega_s+2\pi W)\right\rfloor+1}^{\left\lfloor\frac{1}{2\omega_p}(\omega_s+2\pi W)\right\rfloor} P_i(m)X\left(\mathrm{j}\omega-\mathrm{j}m\omega_p\right)\mathrm{rect}\left(2\omega/\omega_s\right) \end{aligned} \tag{3.53}$$

式中，$H(\mathrm{j}\omega)=\mathrm{rect}(2\omega_s/\omega)$ 是截止频率为 $\omega_s/2$ 的理想低通滤波器的传递函数。注意，低通滤波器对 $X(\mathrm{j}\omega)$ 及其平移(将它们限制在 $[-\omega_s/2,\omega_s/2]$ 区间)进行加窗操作，因此消除了在求和限对 ω 的依赖。

(3) 采样/混叠：

$$y_i(k)=g_i(kT_s)$$

$$\updownarrow \text{DTFT};\omega_s$$

$$\begin{aligned}Y_i\left(\mathrm{e}^{\mathrm{j}\omega\frac{M}{W}}\right)&=\frac{W}{M}\sum_{n=-\infty}^{\infty}G_i\left(\mathrm{j}\omega+\mathrm{j}n\omega_s\right)\\&=\frac{W}{M}\sum_{n=-\infty}^{\infty}\sum_{m=-\left\lfloor\frac{L}{2M}(M+1)\right\rfloor+1}^{\left\lfloor\frac{L}{2M}(M+1)\right\rfloor}P_i(m)X\left(\mathrm{j}\omega-\mathrm{j}m\omega_p+\mathrm{j}n\omega_s\right)\mathrm{rect}\left(2\left(\omega+n\omega_s\right)/\omega_s\right)\end{aligned}\tag{3.54}$$

由于 $Y_i(\mathrm{e}^{\mathrm{j}\omega M/W})$ 的周期为 $\omega_s=2\pi W/M$，在不丢失信息的情况下，可以将 $Y_i(\mathrm{e}^{\mathrm{j}\omega M/W})$ 限制在一个周期内，在式(3.54)求和中只需要考虑所有 n 值中的一项即可，比如，选择保留 $n=0$ 的项，因此，可得 DTFT 变换对：

$$Y_i\left(\mathrm{e}^{\mathrm{j}\omega\frac{M}{W}}\right)\mathbf{1}_{\left[-\frac{\pi W}{M},\frac{\pi W}{M}\right)}=\frac{W}{M}\sum_{m=-\left\lfloor\frac{L}{2M}(M+1)\right\rfloor+1}^{\left\lfloor\frac{L}{2M}(M+1)\right\rfloor}P_i(m)X\left(\mathrm{j}\omega-\mathrm{j}m\omega_p\right)\mathrm{rect}\left(2\omega/\omega_s\right)\tag{3.55}$$

其中，$\mathbf{1}_{[\cdot)}$ 表示指示函数。$p(t)$ 的傅里叶级数系数用下式计算：

$$\begin{aligned}P_i(m)&=\frac{1}{T_P}\int_0^{T_p}p_i(t)\mathrm{e}^{-\mathrm{j}\frac{2\pi}{T_p}mt}\mathrm{d}t\\&=\frac{1}{T_P}\sum_{l=0}^{L-1}\int_{l\frac{T_p}{L}}^{(l+1)\frac{T_p}{L}}p_{il}\mathrm{e}^{-\mathrm{j}\frac{2\pi}{T_p}mt}\mathrm{d}t\\&=\begin{cases}\displaystyle\sum_{l=0}^{L-1}\frac{p_{il}}{\mathrm{j}2\pi m}\left(1-\mathrm{e}^{-\mathrm{j}\frac{2\pi}{L}m}\right)\mathrm{e}^{-\mathrm{j}\frac{2\pi}{L}ml}, & m\neq 0\\ \displaystyle\frac{1}{L}\sum_{l=0}^{L-1}p_{il}, & m=0\end{cases}\end{aligned}\tag{3.56}$$

其中，$p_{il}=p_i(t)\ f$，$t\in[lT_p/L,(l+1)T_p/L)$。由此可得

$$\begin{aligned}&Y_i\left(\mathrm{e}^{\mathrm{j}\omega\frac{M}{W}}\right)\mathbf{1}_{\left[-\frac{\pi W}{M},\frac{\pi W}{M}\right)}\\&=\frac{W}{M}\sum_{m=-\left\lfloor\frac{L}{2M}(M+1)\right\rfloor+1}^{\left\lfloor\frac{L}{2M}(M+1)\right\rfloor}\sum_{l=0}^{L-1}p_{il}\frac{1-\mathrm{e}^{-\mathrm{j}\frac{2\pi}{L}m}}{\mathrm{j}2\pi m}\mathrm{e}^{-\mathrm{j}\frac{2\pi}{L}ml}\mathrm{rect}\left(\frac{M}{\pi W}\omega\right)X\left(\mathrm{j}\omega-\mathrm{j}m\frac{W}{L}\right)\end{aligned}\tag{3.57}$$

对于 $i=1,2,\cdots,q$，该表达式与式(3.55)在取 $P_i(0)$ 时的结果一致。q 个线性方程可以用矩阵形式表示：

$$\boldsymbol{y}(\omega)=\boldsymbol{\Phi\Psi s}(\omega)\tag{3.58}$$

其中，对于 $i=1,2,\cdots,q$，$l=0,1,\cdots,L-1$，$m=-\left[\frac{L}{2M}(M+1)\right]+1,\cdots,\left[\frac{L}{2M}(M+1)\right]$，

$y_i(\omega)=Y_i\left(\mathrm{e}^{\mathrm{j}\omega\frac{M}{W}}\right)\mathbf{1}_{\left[-\frac{\pi W}{M},\frac{\pi W}{M}\right)}$，$\boldsymbol{\Phi}_{i,l}=p_{il}$，$\boldsymbol{\Psi}_{l,m}=\dfrac{M}{W}\mathrm{e}^{-\mathrm{j}\frac{2\pi}{L}lm}$，$s_m(\omega)=\alpha_m\,\mathrm{rect}\left(\dfrac{M}{\pi W}\omega\right)X\left(\mathrm{j}\omega-\mathrm{j}m\dfrac{W}{L}\right)$，

$\alpha_m=\dfrac{1-\mathrm{e}^{-\mathrm{j}\frac{2\pi}{L}m}}{\mathrm{j}2\pi m}$，$\alpha_0=1/L$。

此外，需要强调的是，$\boldsymbol{y}(\omega)$ 和 $\boldsymbol{s}(\omega)$ 中元素都是 ω 在特定区间的函数，实际上是 $Y_i(\mathrm{e}^{\mathrm{j}\omega M/W})$ 和 $X(\mathrm{j}\omega)$ 的频谱切片。

3. 支撑恢复与信号重构

对于调制宽带转换器，支撑恢复是确定 $\boldsymbol{s}(\omega)$ 中的哪些元素是信号 $x(t)$ 的活动频带，恢复过程与多陪集采样的恢复过程类似[19]，都是考察输出样本 $y_i(k)$ 的协方差矩阵。但与多陪集支撑恢复不同，调制宽带转换器不使用修改的 MUSIC 算法。相反，它使用最近的压缩感知思想来恢复对 $\boldsymbol{s}(\omega)$ 的支撑[20]。协方差矩阵 $\boldsymbol{R}$ 与时域输出样本相关，定义为

$$\begin{aligned}\boldsymbol{R}_{l,m}&\triangleq\int_{-\pi\frac{W}{M}}^{\pi\frac{W}{M}}y_l(\omega)y_m^*(\omega)\,\mathrm{d}\omega\\&=(M/W)^2\int_{-\pi\frac{W}{M}}^{\pi\frac{W}{M}}Y_l\left(\mathrm{e}^{\mathrm{j}\omega\frac{M}{W}}\right)Y_m^*\left(\mathrm{e}^{\mathrm{j}\omega\frac{M}{W}}\right)(\omega)\,\mathrm{d}\omega\\&=2\pi\frac{M}{W}\sum_{k=-\infty}^{\infty}y_l(k)y_m^*(k)\end{aligned}\tag{3.59}$$

式中，$\boldsymbol{R}_{l,m}$ 表示 $\boldsymbol{R}$ 在 (l,m) 位置的元素，最后一个结果是根据离散时间傅里叶变换的正交性得到的。要精确地计算 $\boldsymbol{R}$，理论上需要无限多个输出样本。在实际应用中，可以用有限的数据 $y(k)$，$k=0,\cdots,N-1$ 估计 $\boldsymbol{R}$，即

$$\hat{\boldsymbol{R}}_{l,m}=2\pi\frac{M}{W}\sum_{k=0}^{N-1}y_l(k)y_m^*(k)\tag{3.60}$$

使用有限数据无疑会对原始信号的恢复产生影响，但本书对此不做分析。

在本章文献[21]中，Mishali 和 Eldar 证明了 $\boldsymbol{s}(\omega)$ 的支撑可以通过求解一个相关的压缩感知问题来恢复，即稀疏多重测量向量（sparse multiple measurement vector，SMMV）问题。求解 MMV 问题的目标是从一组不完整的测量值中恢复一组联合稀疏向量。为此，对 $\hat{\boldsymbol{R}}$ 进行特征分解，即

$$\hat{\boldsymbol{R}}=\boldsymbol{U}^*\boldsymbol{\Lambda}\boldsymbol{U}=\left(\boldsymbol{U}^*\boldsymbol{\Lambda}^{1/2}\right)\left(\boldsymbol{U}^*\boldsymbol{\Lambda}^{1/2}\right)=\boldsymbol{V}^*\boldsymbol{V}\tag{3.61}$$

并将线性方程组写成矩阵形式：

$$\boldsymbol{V}=\boldsymbol{A}\boldsymbol{S}\tag{3.62}$$

其中，$\boldsymbol{A}=\boldsymbol{\Phi}\boldsymbol{\Psi}$，$\boldsymbol{S}$ 是一个大小为 $M\times q$ 的未知矩阵。由于矩阵 $\boldsymbol{V}$ 中的每一列都是 $\boldsymbol{S}$ 中相应的稀疏列的一个独立测量，求解式(3.62)中的未知矩阵 $\boldsymbol{S}$ 的问题称为多测量向量问题。重要的是，$\boldsymbol{S}$ 的(联合)支撑等于 $\boldsymbol{s}(\omega)$ 的支撑[1,7]。可以利用现有的压缩感知算法[7]求得式(3.58)的解。

一旦找到了 $\boldsymbol{S}$ 的支撑，就可以减小 $\boldsymbol{A}$ 的维数，并对式(3.58)求逆，从而恢复活动频谱切片，或者换句话说，恢复重构原始模拟信号 $x(t)$ 所需的全部信息。设 Ω 表示待恢复支

撑的列索引集，将这些列数据组成一个矩阵 $\boldsymbol{A}_\Omega$，使用它的伪逆 $\boldsymbol{A}_\Omega^*\left(\boldsymbol{A}_\Omega^*\boldsymbol{A}_\Omega\right)^{-1}\boldsymbol{A}_\Omega$ 对式(3.58)进行求逆，得到：

$$\boldsymbol{s}_\Omega(t)=\boldsymbol{A}_\Omega^\dagger\boldsymbol{y}(t) \tag{3.63}$$

其中，$\boldsymbol{y}(t)$ 和 $\boldsymbol{s}_\Omega(t)$ 分别为 $\boldsymbol{y}(\omega)$ 和 $\boldsymbol{s}_\Omega(\omega)$ 的傅里叶反变换。将 $\boldsymbol{s}_\Omega(t)$ 的每个组成部分移到适当的频谱位置就可以恢复 $x(t)$，即

$$x(t)=\sum_{l\in\Omega}s_{\Omega,l}(t)\exp\left(\mathrm{j}2\pi\frac{W}{L}lt\right) \tag{3.64}$$

3.3.4 随机调制预积分器

如果信号带宽比较宽，例如雷达脉冲信号，当采用调制宽带转换器对信号采样时，为了更好地重构原始信号，需要在低速率采样的同时在单位时间内获得大量的样本值，需要增加采样系统的并行支路数，这会造成系统结构复杂，硬件实现困难。为了减少采样系统通道数量，可以采用随机调制预积分器(random modulation pre-integrator，RMPI)，如图 3.9 所示[22]。

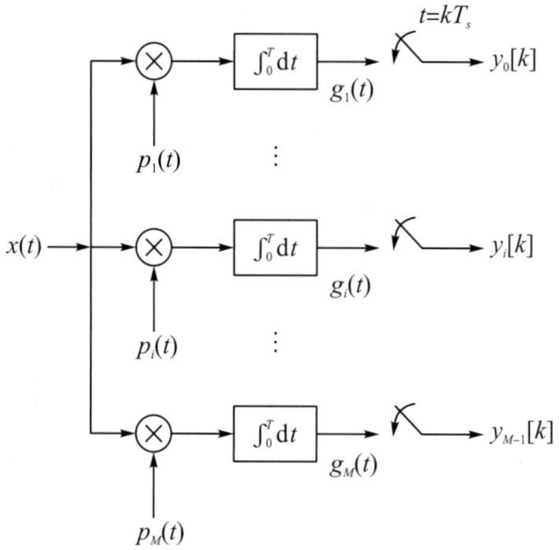

图 3.9 随机调制预积分器

随机调制预积分器将调制宽带转换器中低通滤波器换成固定时间段的积分器进行逐段积分，这样得到的观测值是不完全的。但若利用已采样观测值计算新的观测值，就可以在不增加通道数的情况下得到完全观测值，相当于对观测矩阵进行了扩展。随机调制预积分器采样系统中，第 i 个通道采样前表达式为

$$g_i(t)=\int_0^T x(t)p_i(t)\mathrm{d}t \tag{3.65}$$

对 $g_i(t)$ 进行亚奈奎斯特采样得 $y_i(k)$。与调制宽带转换器类似，随机调制预积分器同样是多通道均匀亚奈奎斯特采样系统，除了压缩采样矩阵不同，频谱支撑域恢复和信号重构算法均可通用。

3.4　信号重构算法

信号重构指从已知部分时域或频域信号恢复整个信号，其目标是找出含有频谱信息的频段及其在字典中对应的位置从而恢复原始信号。压缩采样信号重构算法的主要挑战是用已知含噪声的样本向量近似表示一个信号。信号重构算法大致分为三类[23]：一是贪婪追踪(greedy pursuit)算法，这类算法通过在每一步迭代进行局部最优的选择，一步一步地建立一个近似值。例如，匹配追踪(matching pursuit，MP)[24]、正交匹配追踪(orthogonal matching pursuit，OMP)[7]、分段正交匹配追踪(stagewise OMP，StOMP)[25]、正则化正交匹配追踪(regularized OMP，ROMP)[26,27]、稀疏自适应匹配追踪(sparisty adaptive matching pursuit，SAMP)等算法。二是凸松弛(convex relaxation)算法，利用这类方法求解化问题，已知其最小化解就是近似目标信号，包括基追踪(basis pursuit，BP)算法[28]、内点法(interior-point method)[29]、投影梯度方法(projected gradient method)[30]和迭代阈值(iterative thresholding)法[31]等。三是组合算法(combinatorial algorithm)，这类方法获得了高度结构化的信号样本，支持通过组测试的快速重构，包括傅里叶采样(Fourier sampling)[32,33]、链式追踪(chaining pursuit)[34]、HHS 追踪(heavy hitters on steroids pursuit)[35]等算法。另外，压缩采样匹配追踪(compressive sampling matching pursuit，CoSaMP)[23]虽然本质上属于贪婪追踪算法，但它还结合了来自组合算法的思想以保证速度和提供严格的误差界。

上述三类算法中，每类算法都有其自身的缺点。许多组合算法都非常快，复杂度是目标信号长度的次线性(sublinear)关系，但它们需要大量的有些不寻常的样本，这些样本可能不容易获得。在另一个极端，凸松弛算法能用非常少量的测量值成功重构信号，但它们的计算负担往往是难以承受的。由于结构简单、计算量小等优点受到广泛关注，OMP 类算法逐渐成为贪婪追踪算法的主流。尤其是 ROMP 算法，在运行时间和采样效率方面处于中间水平。下面介绍几种常用的 OMP 类算法，在下面的算法中，假设稀疏信号 $\boldsymbol{x}\in\mathbb{R}^N$，稀疏度为 $K\ (K\ll N)$，通过 $M\times N(M\ll N)$ 测量矩阵(通常为高斯随机矩阵)$\boldsymbol{\Phi}$，其列向量 $\boldsymbol{f}_l(l=1,2,\cdots,N)$ 称为原子，得到 $M\times l$ 观测向量 $\boldsymbol{y}\in\mathbb{R}^N$。另外，$t$ 表示迭代次数，$\boldsymbol{r}_t$ 表示第 t 次迭代残差，$\varnothing$ 表示空集，$\boldsymbol{J}$ 表示索引集，$\boldsymbol{\Lambda}_t$ 表示第 t 次迭代的索引集，$\boldsymbol{a}_j$ 表示矩阵 $\boldsymbol{A}$ 的第 j 列，$\boldsymbol{A}_t$ 表示由索引集 $\boldsymbol{\Lambda}_t$ 选出的矩阵 $\boldsymbol{A}$ 的列集合。

3.4.1　正交匹配追踪

正交匹配追踪(OMP)是一种经典的迭代贪婪算法，可以少量线性测量值(含有噪声)恢复高维稀疏信号。OMP 算法在迭代中找到数目最少的列向量作为基向量，对稀疏多频带信号进行频域表示，并通过这些基向量的加权函数对信号进行重构。OMP 算法的核心思想是在多次迭代的过程中从矩阵 $\boldsymbol{\Phi}$ 中选取与观测残差 $\boldsymbol{r}$ 最优化匹配的原子作为备选，并把它加入备选集中，然后在每次迭代中计算估计信号，直到迭代程序结束从而得到估计信号。

算法 3.1——OMP 算法
输入：感知矩阵 $\boldsymbol{A}=\boldsymbol{\Phi\Psi}$ $(M\times N)$，观测向量 $\boldsymbol{y}(N\times1)$，信号稀疏度 K
输出：估计信号系数 $\hat{\boldsymbol{\theta}}$，残差 $\boldsymbol{r}_k$
步骤 1　初始化参数：$\boldsymbol{r}_0=\boldsymbol{y}$，$\boldsymbol{\Lambda}_0=\varnothing$，$t=1$
步骤 2　计算：$\lambda_t=\arg\max\limits_{j=1,2,\cdots,N}\left\|\langle\boldsymbol{r}_{t-1},\boldsymbol{a}_j\rangle\right\|$
步骤 3　预置：$\boldsymbol{\Lambda}_t=\boldsymbol{\Lambda}_{t-1}\cup(\lambda_t)$，$\boldsymbol{A}_t=\boldsymbol{A}_{t-1}\cup\boldsymbol{a}_\lambda$
步骤 4　计算：$\hat{\boldsymbol{\theta}}_t=\arg\min\boldsymbol{y}-\boldsymbol{A}_t\boldsymbol{\theta}_t=\left(\boldsymbol{A}_t^{\mathrm{T}}\boldsymbol{A}_t\right)^{-1}\boldsymbol{A}_t^{\mathrm{T}}\boldsymbol{y}$，求解 $\boldsymbol{y}=\boldsymbol{A}_t\boldsymbol{\theta}_t$
步骤 5　更新迭代残差：$\boldsymbol{r}_t=\boldsymbol{y}-\boldsymbol{A}_t\hat{\boldsymbol{\theta}}_t=\boldsymbol{y}-\boldsymbol{A}_t\left(\boldsymbol{A}_t^{\mathrm{T}}\boldsymbol{A}_t\right)^{-1}\boldsymbol{A}_t^{\mathrm{T}}\boldsymbol{y}$
步骤 6　判断迭代停止条件：$t=t+1$，若 $t\leqslant K$，返回步骤 2 继续执行；否则，执行步骤 7
步骤 7　计算 $\hat{\boldsymbol{\theta}}$ 在 $\boldsymbol{\Lambda}_t$ 上的有效值，最后得到 $\hat{\boldsymbol{\theta}}_t$

OMP 算法迭代结束后得到 $\hat{\boldsymbol{\theta}}$，据此可计算估计信号 $\hat{\boldsymbol{x}}=\boldsymbol{\Psi}\hat{\boldsymbol{\theta}}$。

算法仿真实验结果如图 3.10 所示。仿真实验参数设置如下：输入信号长度(测量数) $M=1024$，观测点数 $N=256$，稀疏度 $K=50$。采用 MATLAB 中的 rand 函数产生原始信号，并组成稀疏度为 50 的输入序列，然后对输入序列进行重构。由图可见，重构信号与原始信号几乎完全一致，两者的误差量级在 10^{-15} 以下，重构结果非常好。

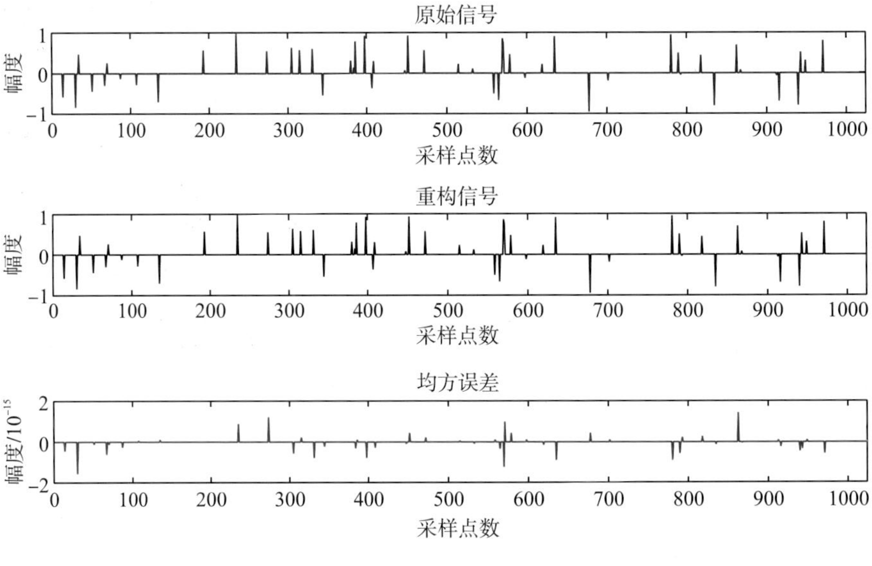

图 3.10　OMP 算法仿真结果

观测点数 N 不变时，在不同稀疏度 K 情况下，测量数 M 与算法重构成功率的关系，如图 3.11 所示。在不同测量数 M 的情况下，稀疏度 K 与算法重构成功率的关系，如图 3.12 所示。

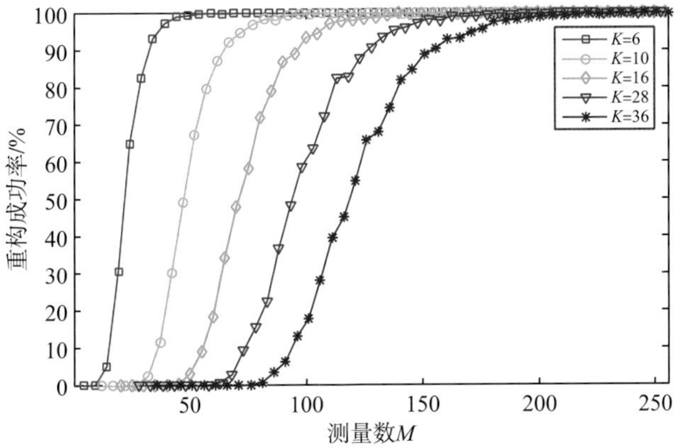

图 3.11　OMP 算法重构成功率与测量数的关系

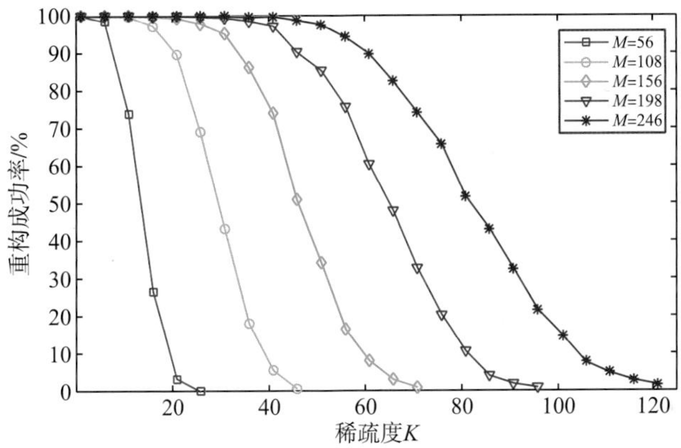

图 3.12　OMP 算法重构成功率与稀疏度的关系

由图可见，对于不同稀疏度情况，随着测量数的增加，重构成功率逐渐提高。若重构成功率相同或者相近，稀疏度越大，则需要的测量数越多。稀疏度固定时，测量数越多，重构成功概率就越大。在测量数一定的情况下，稀疏度越大则重构成功率越小，测量数越大能够承受的稀疏度程度也就越强。

3.4.2　正则化正交匹配追踪

虽然 OMP 算法的计算速度比凸优化算法有很大提升，但其鲁棒性较差。凸优化算法计算量大，复杂度高，但其鲁棒性比较好。Needell 和 Tropp[23]在 OMP 算法的基础上对支撑集再次筛选，提出了正则化正交匹配追踪(ROMP)算法。ROMP 算法结合了凸优化算法和 OMP 算法的优点。与 OMP 算法的区别是从矩阵 $\boldsymbol{A}$ 中选择原子的标准不同，OMP 算法仅选取对应 $\boldsymbol{r}$ 内最优的一列，但是 ROMP 算法是选取对应 $\boldsymbol{r}$ 内的 K 列向量备用，再利用正则化标准选取一次作为本次的结果。加入正则化的过程有效避免了迭代中错误选择的可能，降低了重构误差，提高了信号重构精度。

算法 3.2——ROMP 算法

输入：感知矩阵 $\boldsymbol{A}=\boldsymbol{\Phi\Psi}(M\times N)$，观测向量 $\boldsymbol{y}(N\times 1)$，信号稀疏度 K

输出：估计信号系数 $\hat{\boldsymbol{\theta}}$，残差 $\boldsymbol{r}_k$

步骤 1　初始化参数：$\boldsymbol{r}_0=\boldsymbol{y}$，$\Lambda_0=\varnothing$，$t=1$

步骤 2　预判定：计算 $\boldsymbol{u}=\left|\boldsymbol{A}^{\mathrm{T}}\boldsymbol{r}_{t-1}\right|$，选取 $\boldsymbol{u}$ 中最优 K 列原子构成集合 $\boldsymbol{J}$

步骤 3　正则化：寻找满足条件 $|\boldsymbol{u}(i)|\leqslant 2|\boldsymbol{u}(j)|\left(i,j\in\boldsymbol{J}\right)$ 的子集 $\boldsymbol{J}_0$

步骤 4　预置：$\Lambda_t=\Lambda_{t-1}\cup\left(\lambda_t\right)$，$\boldsymbol{A}_t=\boldsymbol{A}_{t-1}\cup\boldsymbol{a}_\lambda$

步骤 5　计算：$\hat{\boldsymbol{\theta}}_t=\arg\min\boldsymbol{y}-\boldsymbol{A}_t\boldsymbol{\theta}_t=\left(\boldsymbol{A}_t^{\mathrm{T}}\boldsymbol{A}_t\right)^{-1}\boldsymbol{A}_t^{\mathrm{T}}\boldsymbol{y}$，求解 $\boldsymbol{y}=\boldsymbol{A}_t\boldsymbol{\theta}_t$

步骤 6　更新迭代残差：$\boldsymbol{r}_t=\boldsymbol{y}-\boldsymbol{A}_t\hat{\boldsymbol{\theta}}_t=\boldsymbol{y}-\boldsymbol{A}_t\left(\boldsymbol{A}_t^{\mathrm{T}}\boldsymbol{A}_t\right)^{-1}\boldsymbol{A}_t^{\mathrm{T}}\boldsymbol{y}$

步骤 7　判断迭代停止条件：$t=t+1$，若 $t\leqslant K$，返回步骤 2 继续执行。若 $t>K$ 或 $\left\|\Lambda_t\right\|_0\geqslant 2K$ 停止迭代，执行步骤 8

步骤 8　计算 $\hat{\boldsymbol{\theta}}$ 在 Λ_t 上的有效值，最后得到 $\hat{\boldsymbol{\theta}}_t$

ROMP 算法和 OMP 算法均要求稀疏度已知，以决定最大的迭代次数。ROMP 算法也存在一定的缺陷，当测量矩阵中含有噪声时，会导致迭代无法停止。在这种情况下，需要先验的稀疏度来控制迭代的次数。

ROMP 算法仿真实验结果如图 3.13 所示，仿真实验参数设置与 OMP 仿真实验相同。

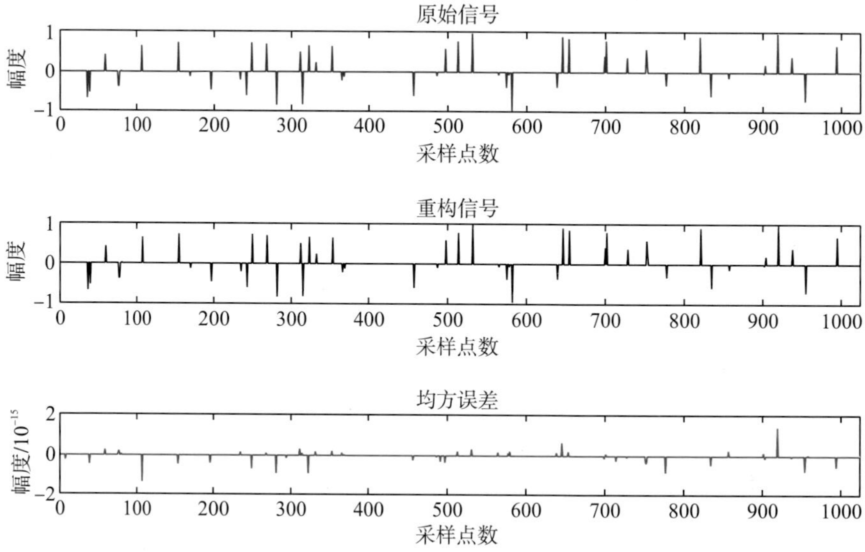

图 3.13　ROMP 算法重构信号

在观测点数 N 固定的情况下，分析测量数 M 在稀疏度变化情况下的算法重构成功率(图 3.14)，在稀疏度相同的情况下，ROMP 所需要的测量数比 OMP 算法略少，这是因为 ROMP 重构算法多了正则化的二次处理，提升了原子筛选的正确率，从而在测量数较少的情况下依然能够重构出原始信号，虽然增加了复杂度，但是提升了重构成功率，提高了算法重构精度。

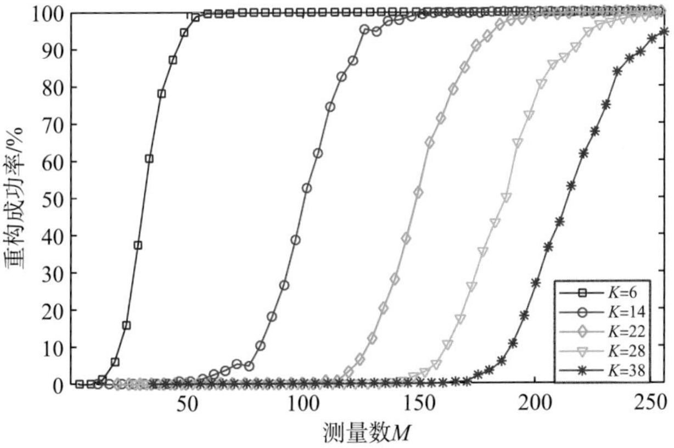

图 3.14　ROMP 算法重构成功率与测量数的关系

3.4.3　分段正交匹配追踪

为了进一步加快迭代速度，Donoho 等[25]提出了分段正交匹配追踪(StOMP)算法，它是在 OMP 算法的基础上加入了分段查询，在每次迭代的过程中可以选择多个最优原子作为备选，当感知矩阵 $\boldsymbol{A}$ 列向量与残差相关性大于设定的阈值时均视为正确的频谱支撑域。

算法 3.3——StOMP 算法
输入：感知矩阵 $\boldsymbol{A}=\boldsymbol{\Phi\Psi}(M\times N)$，观测向量 $\boldsymbol{y}(N\times 1)$，迭代次数 S，阈值 T_h
输出：估计信号系数 $\hat{\boldsymbol{\theta}}$，残差 $\boldsymbol{r}_s=\boldsymbol{y}-\boldsymbol{A}_s\hat{\boldsymbol{\theta}}_s$
步骤 1　初始化参数：$\boldsymbol{r}_0=\boldsymbol{y}$，$\Lambda_0=\varnothing$，$t=1$
步骤 2　预判定：计算 $\boldsymbol{u}=\left\|\boldsymbol{A}^{\mathrm{T}}\boldsymbol{r}_{t-1}\right\|$，选取 $\boldsymbol{u}$ 中大于阈值 T_h 的值，与之对应矩阵 $\boldsymbol{A}$ 的原子构成集合 $\boldsymbol{J}$
步骤 3　预置：$\Lambda_t=\Lambda_{t-1}\cup(\lambda_t)$，$\boldsymbol{A}_t=\boldsymbol{A}_{t-1}\cup\boldsymbol{a}_\lambda$，当 $\Lambda_t=\Lambda_{t-1}$，直接执行步骤 7
步骤 4　计算：$\hat{\boldsymbol{\theta}}_t=\arg\min\boldsymbol{y}-\boldsymbol{A}_t\boldsymbol{\theta}_t=\left(\boldsymbol{A}_t^{\mathrm{T}}\boldsymbol{A}_t\right)^{-1}\boldsymbol{A}_t^{\mathrm{T}}\boldsymbol{y}$，求解 $\boldsymbol{y}=\boldsymbol{A}_t\boldsymbol{\theta}_t$
步骤 5　更新迭代残差：$\boldsymbol{r}_t=\boldsymbol{y}-\boldsymbol{A}_t\hat{\boldsymbol{\theta}}_t=\boldsymbol{y}-\boldsymbol{A}_t\left(\boldsymbol{A}_t^{\mathrm{T}}\boldsymbol{A}_t\right)^{-1}\boldsymbol{A}_t^{\mathrm{T}}\boldsymbol{y}$
步骤 6　判断迭代停止条件：$t=t+1$，若 $t\leqslant S$，返回步骤 2 继续执行。否则，停止迭代，执行步骤 7
步骤 7　计算 $\hat{\boldsymbol{\theta}}$ 在 Λ_t 上的有效值，最后得到 $\hat{\boldsymbol{\theta}}_t$

StOMP 算法是对 OMP 算法的改进，为了验证算法重构性能，仿真实验参数设计与 OMP 和 ROMP 算法参数一致，唯一不同之处是 StOMP 算法不需要稀疏度参数，实验结果如图 3.15 所示。在观测点数 N 固定的情况下，将门限参数 t_s 设定为 2.0 和 3.0 时，在不同稀疏度情况下测量数与重构成功率的关系，如图 3.16 所示。在稀疏度 K 取值为 12 和 36，门限参数 t_s 动态变化的情况下，测量数 M 与重构成功率的关系，如图 3.17 所示。StOMP 算法重构信号的误差比 OMP 算法重构误差小，比 ROMP 算法重构误差大，这是由于原子筛选时没有 OMP 算法严格。

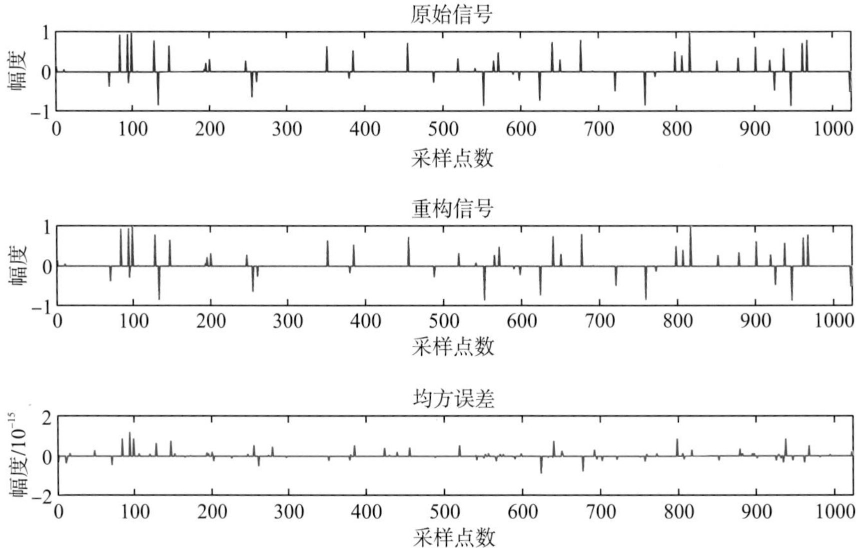

图 3.15 StOMP 算法重构结果

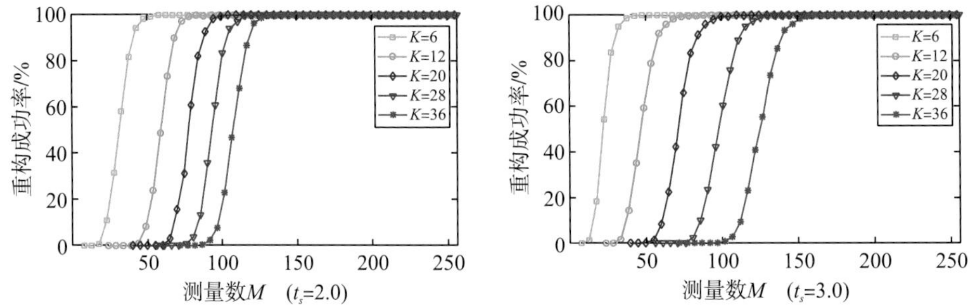

图 3.16 StOMP 算法重构成功率与测量数关系(门限参数固定，稀疏度不同)

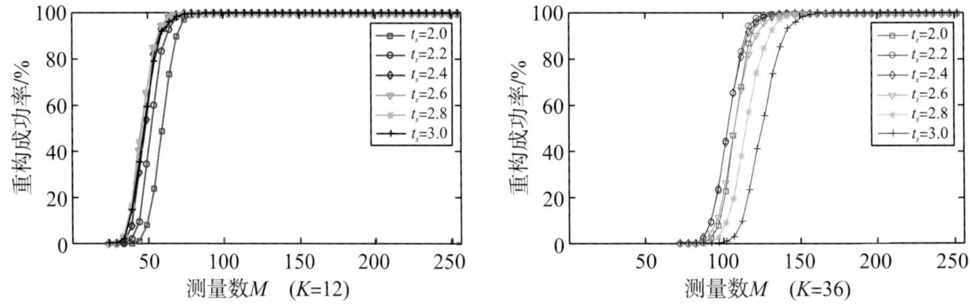

图 3.17 StOMP 算法重构成功率与测量数关系(稀疏度固定，门限参数不同)

进一步分析图 3.16 可知，在稀疏度相同的情况下，门限参数 t_s 直接影响了重构成功率，在稀疏度取值为 36 时尤为明显，门限参数为 2.0 时，达到 100%重构成功率需要测量数为 125 左右。当门限参数为 3.0 时，达到相同的重构成功率则需要测量数在 150 以上。

分析图 3.17 也可得到类似结果，例如，在 $K = 12$，$t_s = 2.8$ 时恢复算法达到了最优；在 $K = 36$，$t_s = 2.2$ 时恢复算法达到最优化的参数设置。StOMP 算法门限参数 t_s 选择直接影响重构算法性能，需要针对不同的稀疏度达到最优重构成功率进行多次设置。

3.4.4　压缩采样匹配追踪

压缩采样匹配追踪 (CoSaMP) 算法是一种受限制等距特性 (restricted isometry property，RIP) 启发的方法，也是对 OMP 算法的一种改进，每次迭代选择多个原子，除了原子的选择标准之外，它与 ROMP 算法的区别在于，ROMP 算法每次迭代选择的原子会一直保留，而 CoSaMP 每次迭代选择的原子在下次迭代中可能会被抛弃。

算法 3.4——CoSaMP 算法

输入：感知矩阵 $\boldsymbol{A} = \boldsymbol{\Phi\Psi}(M \times N)$，观测向量 $\boldsymbol{y}(N \times 1)$，稀疏度 K

输出：估计信号系数 $\hat{\boldsymbol{\theta}}$，残差 $\boldsymbol{r}_s = \boldsymbol{y} - \boldsymbol{A}_s\hat{\boldsymbol{\theta}}_s$

步骤 1　初始化参数：$\boldsymbol{r}_0 = \boldsymbol{y}$，$\boldsymbol{\Lambda}_0 = \varnothing$，$t = 1$

步骤 2　计算 $\boldsymbol{u} = \left|\boldsymbol{A}^{\mathrm{T}}\boldsymbol{r}_{t-1}\right|$，选取 $\boldsymbol{u}$ 中 $2K$ 个最大值，与之对应矩阵 $\boldsymbol{A}$ 的原子构成集合 $\boldsymbol{J}$

步骤 3　预置：$\boldsymbol{\Lambda}_t = \boldsymbol{\Lambda}_{t-1} \cup \boldsymbol{J}$，$\boldsymbol{A}_t = \boldsymbol{A}_{t-1} \cup \boldsymbol{a}_j$，$j \in \boldsymbol{J}$

步骤 4　计算：$\hat{\boldsymbol{\theta}}_t = \arg\min \boldsymbol{y} - \boldsymbol{A}_t\boldsymbol{\theta}_t = \left(\boldsymbol{A}_t^{\mathrm{T}}\boldsymbol{A}_t\right)^{-1}\boldsymbol{A}_t^{\mathrm{T}}\boldsymbol{y}$，求解 $\boldsymbol{y} = \boldsymbol{A}_t\boldsymbol{\theta}_t$

步骤 5　更新迭代残差：$\boldsymbol{r}_t = \boldsymbol{y} - \boldsymbol{A}_t\hat{\boldsymbol{\theta}}_t = \boldsymbol{y} - \boldsymbol{A}_t\left(\boldsymbol{A}_t^{\mathrm{T}}\boldsymbol{A}_t\right)^{-1}\boldsymbol{A}_t^{\mathrm{T}}\boldsymbol{y}$

步骤 6　判断迭代停止条件：$t = t+1$，若 $t \leqslant S$，返回步骤 2 继续执行。否则，停止迭代，执行步骤 7

步骤 7　计算 $\hat{\boldsymbol{\theta}}$ 在 $\boldsymbol{\Lambda}_t$ 上的有效值，最后得到 $\hat{\boldsymbol{\theta}}_t$

采用与 OMP 算法仿真相同的参数设置，在不同的稀疏度条件下，CoSaMP 算法重构成功率与测量数的关系，如图 3.18 所示。重构误差低至 2.39×10^{-15}。

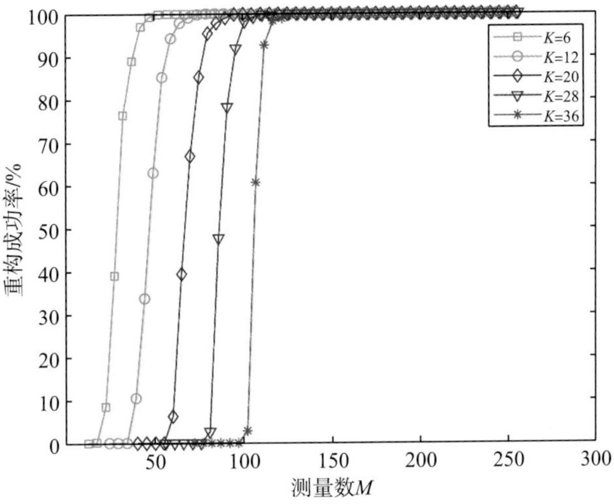

图 3.18　CoSaMP 算法重构成功率与测量数的关系

3.4.5 改进正交匹配追踪

前述匹配追踪系列算法均以 $2NB$ 的采样率实现算法重构，但压缩感知理论中最小的采样率是 $4NB\lg(M/2N)$，恢复算法距离最低理论采样率的要求有差距，为此，提出一种改进的 OMP 算法。

算法 3.5——改进的 OMP 算法

输入：感知矩阵 $\boldsymbol{A}=\boldsymbol{\Phi\Psi}(M\times N)$，观测向量 $\boldsymbol{y}(N\times 1)$，稀疏度 K，测量数 M
输出：恢复频域支撑集 $\boldsymbol{S}$

步骤 1 初始化参数：$\boldsymbol{S}=\varnothing$，$\boldsymbol{\Lambda}_0=\varnothing$，$\boldsymbol{r}_0=\boldsymbol{y}$，$k=0$
步骤 2 计算 $\boldsymbol{D}=\boldsymbol{A}\otimes\boldsymbol{I}_p$，$\boldsymbol{I}_p$ 表示 p 阶单位矩阵
步骤 3 计算 $\xi_i=\dfrac{\boldsymbol{r}^{[k]^{\mathrm{H}}}\boldsymbol{D}_i}{\boldsymbol{D}_{i2}}$，$i\in\{1,2,3,\cdots,pL\}$
步骤 4 计算 $b_i=\sum\limits_{n=i}^{p+i}\xi_n$，$i\in\{1,2,3,\cdots,pL-p+1\}$
步骤 5 从 $|b_i|$ 选取最大的 N 个元素，组成矩阵 $\boldsymbol{B}$，并将其位置索引保存在 $\boldsymbol{J}$ 中
步骤 6 将矩阵 $\boldsymbol{B}$ 分组，得到 $\boldsymbol{\varphi}_n$，$n=1,2,3,\cdots$，其元素满足 $|b_i|<2|b_j|$，$i,j\in\boldsymbol{J}$
步骤 7 计算 $\boldsymbol{\varphi}_n$ 所有元素的平方和 c_n
步骤 8 查找 c_n 中的最大元素 $c^*=\max\{c_n\}$
步骤 9 在集合 $\boldsymbol{J}$ 中查找 c^* 的索引，并将其索引值及其后 $p-1$ 个值加入集合 $\boldsymbol{J}_0$ 中
步骤 10 更新支撑域 $\boldsymbol{S}=\boldsymbol{S}\cup\boldsymbol{J}_0$
步骤 11 构造集合 $\boldsymbol{D}_S$，由 $\boldsymbol{D}$ 中 $\boldsymbol{S}$ 索引的原子产生
步骤 12 更新残差 $\boldsymbol{r}_k=\hat{\boldsymbol{y}}-\boldsymbol{D}_S\boldsymbol{D}_S^{+}\hat{\boldsymbol{y}}$，$k=k+1$
步骤 13 输出最终确定的支撑集 $\boldsymbol{S}$

采用与 OMP 算法仿真相同的参数设置，改进 OMP 算法重构信号实验结果如图 3.19 和图 3.20 所示。在各项条件相同的情况下，与 OMP 算法实验结果对比，改进 OMP 算法重构误差略小于 OMP 算法，但改进算法的时间复杂度高于 OMP 算法，与其他基于 OMP 的算法具有共性，难以在提升重构性能的同时降低时间复杂度，两者不可兼得，必须作出取舍。

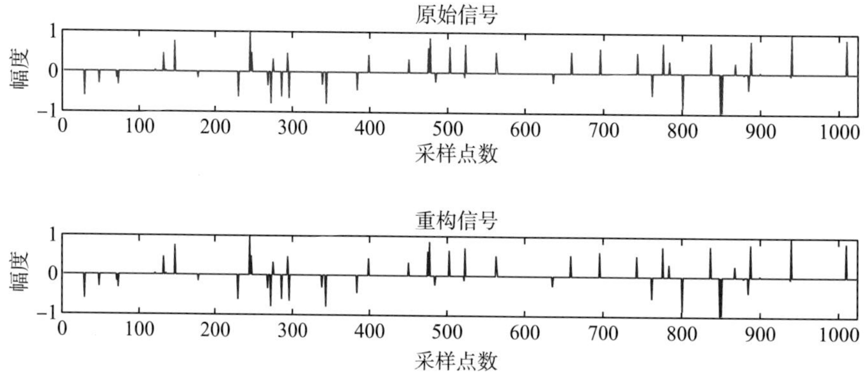

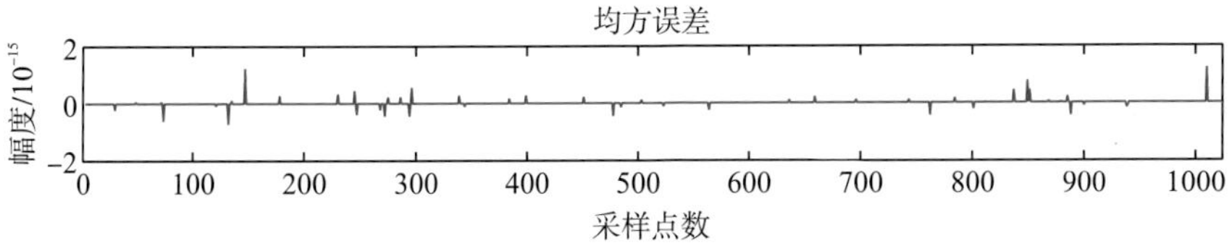

图 3.19　改进 OMP 算法重构信号

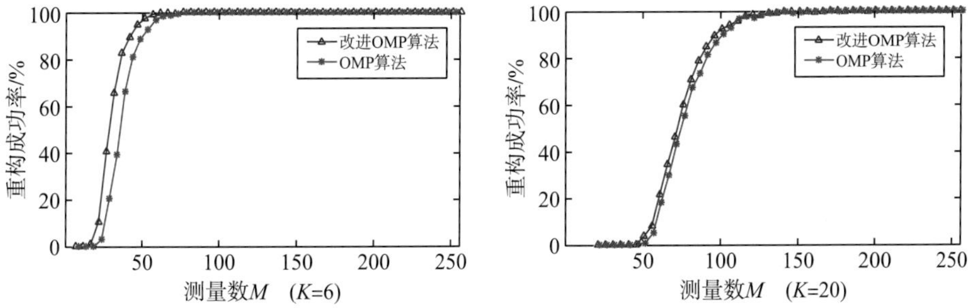

图 3.20　改进 OMP 算法与 OMP 算法重构成功率比较

3.5　压缩采样信号功率谱估计

3.5.1　基于多陪集采样的功率谱估计

系统 LT 秒内在非均匀间隔点处采集 q 个样本。在压缩感知过程中，如果利用多陪集(MC)采样框架，重构原始信号过程中要利用各通道输出的协方差矩阵恢复频谱支撑区，但是在该处利用各通道输出之间的协方差矩阵来估计 $x(t)$ 的功率谱(power spectrum)。设 $x(t)$ 是广义平稳(wide-sense stationary，WSS)随机过程，其自相关函数定义为

$$r_{xx}(\tau) \triangleq E\left[x(t_1)x(t_2)\right],\quad \tau = t_1 - t_2 \tag{3.66}$$

根据维纳-辛钦(Wiener-Khinchine)定理可知，$r_{xx}(\tau)$ 的傅里叶变换 $P_{xx}(\omega)$ 是 $x(t)$ 的功率谱。

假定 $x(t)$ 是一个带宽为 W 的带限信号，当 $|\omega| > \pi W$ (rad/s)时，$P_{xx}(\omega) = 0$。为了利用多陪集采样的样本来估计 $P_{xx}(\omega)$，需考察各采样通道输出序列 $y_i(n)$ 之间的互相关函数。令 a 和 b 表示两个通道的索引，则这两个通道输出序列之间的互相关函数表示为

$$\begin{aligned} r_{y_a y_b}(n,m) &= E\left[y_a(n)y_b(m)\right] \\ &= E\left[x\left(n\frac{L}{W}+\frac{c_a}{W}\right)x\left(m\frac{L}{W}+\frac{c_b}{W}\right)\right] \\ &= r_{xx}\left(\frac{L}{W}(n-m)+\frac{1}{W}(c_a-c_b)\right) \\ &= r_{xx}\left(\frac{L}{W}k+\frac{1}{W}(c_a-c_b)\right) \\ &= r_{y_a y_b}(k) \end{aligned} \tag{3.67}$$

式中，$y_i(n) \triangleq x\left(n\frac{L}{W}+\frac{c_i}{W}\right), n\in\mathbb{Z}$，$k=n-m$。互相关函数 $r_{y_a y_b}(k)$ 等效于将自相关函数 $r_{xx}(\tau)$ 移动 $(c_a-c_b)/W$，然后以 W/L 的频率均匀采样。$r_{y_a y_b}(k)$ 离散时间傅里叶变换表示为

$$
\begin{gathered}
r_{y_a y_b}(k)=r_{xx}\left(\frac{L}{W}k+\frac{1}{W}(c_a-c_b)\right)\\
\Big\uparrow \text{DTFT}\\
\frac{W}{L}\sum_{m=\left\lfloor\frac{L}{2}\left(\frac{\omega}{\pi W}-1\right)\right\rfloor}^{\left\lfloor\frac{L}{2}\left(\frac{\omega}{\pi W}+1\right)\right\rfloor} P_{xx}\left(\omega-2\pi\frac{W}{L}m\right)\mathrm{e}^{\mathrm{j}\frac{1}{W}(c_a-c_b)\left(\omega-2\pi\frac{W}{L}m\right)}
\end{gathered}
\tag{3.68}
$$

对于给定的 ω，由于假定 $x(t)$ 是频带有限信号，因此求和结果是有限的(假设 L 是偶数)。其中的相位移动 $\mathrm{e}^{\mathrm{j}(c_a-c_b)\omega/W}$ 是因为在各个通道中引入时移造成的，为了最终得到功率谱估计，需要通过将 MC 采样序列 $y_i(n)$ 移动与初始时移大小相等方向相反的量来去除该相移，该过程在数学上表示为

$$
z_i(n)\triangleq y_i(n)*h_i(n),\quad i=1,2,\cdots,q
$$

式中，$*$表示卷积运算，滤波器冲激响应为 $h_i(n)=\operatorname{sinc}[\pi(n-c_i/W)]$。

输出序列的互相关函数表示为

$$
\begin{aligned}
r_{z_a z_b}(k)&=E\left[z_a(k+n)z_b(n)\right]\\
&=\sum_m\sum_l h_a(m)h_b(l)r_{y_a y_b}(k-m+l)\\
&=\sum_\alpha\left[\sum_m h_a(m)r_{y_a y_b}(\alpha-m)\right]h_b(\alpha-k)\\
&=r_{y_a y_b}(k)\otimes h_a(k)\otimes h_b(-k)\\
&=r_{y_a y_b}(k)\otimes h_{a-b}(k)
\end{aligned}
\tag{3.69}
$$

式中，$\alpha=k+l$；$h_{a-b}(k)$ 表示延迟 $(c_a-c_b)/W$ 秒的滤波器脉冲响应。根据卷积定理可得，$r_{z_a z_b}(k)$ 的 DTFT 为

$$
\begin{gathered}
r_{z_a z_b}(k)=r_{y_a y_b}(k)*h_{a-b}(k)\\
\Big\downarrow \text{DTFT}\\
\frac{W}{L}\sum_{m=\frac{L}{2}\left(\frac{\omega}{\pi W}-1\right)}^{\frac{L}{2}\left(\frac{\omega}{\pi W}+1\right)} P_{xx}\left(\omega-2\pi\frac{W}{L}m\right)\mathrm{e}^{j\frac{1}{W}(c_a-c_b)\left(\omega-2\pi\frac{W}{L}m\right)}\cdot\mathrm{e}^{-j\frac{1}{W}(c_a-c_b)\omega}\\
=\frac{W}{L}\sum_{m=\frac{L}{2}\left(\frac{\omega}{\pi W}-1\right)}^{\frac{L}{2}\left(\frac{\omega}{\pi W}+1\right)} P_{xx}\left(\omega-2\pi\frac{W}{L}m\right)\mathrm{e}^{-j\frac{2\pi}{L}(c_a-c_b)m}
\end{gathered}
\tag{3.70}
$$

对式(3.70)取 DTFT 逆变换，可得

$$
r_{z_a z_b}(k)=\frac{1}{2\pi}\sum_{m=-L/2+1}^{L/2}\mathrm{e}^{-\mathrm{j}\frac{2\pi}{L}(c_a-c_b)m}\int_{-\pi W/L}^{\pi W/L}P_{xx}\left(\omega-2\pi\frac{W}{L}m\right)\mathrm{e}^{\mathrm{j}k\frac{L}{W}\omega}\,\mathrm{d}\omega
\tag{3.71}
$$

当 $k=0$ 时，有

$$r_{z_a z_b}(0)=\frac{1}{2\pi}\sum_{m=-L/2+1}^{L/2}\mathrm{e}^{-\mathrm{j}\frac{2\pi}{L}(c_a-c_b)m}\int_{-\pi W/L}^{\pi W/L}P_{xx}\left(\omega-2\pi\frac{W}{L}m\right)\mathrm{d}\omega \tag{3.72}$$

定义

$$P_{xx}(m)=\frac{1}{2\pi}\int_{-\pi W/L}^{\pi W/L}P_{xx}\left(\omega-2\pi\frac{W}{L}m\right)\mathrm{d}\omega$$

对于给定的 m，$P_{xx}(m)$等于 $x(t)$的子带$[(2m-1)\pi W/L,(2m+1)\pi W/L]$内的平均功率，所以集合$\{(L/W)P_{xx}(m)\}$是 $x(t)$的功率谱 $P_{xx}(\omega)$的分段常数近似。频率分辨率 W/L 与 L 成反比，L 越大，分段越多，可得更精细的分辨率。

令

$$\begin{cases}\boldsymbol{u}=\left[u_0,u_1,\cdots,u_{q(q-1)/2+1}\right]^{\mathrm{T}},\quad u_i=r_{z_a z_b}(0)\\ \boldsymbol{\Psi}_{i,l}=\mathrm{e}^{-\mathrm{j}\frac{2\pi}{L}(c_a-c_b)_i m_l}\\ \boldsymbol{v}=\left[v_0,v_1,\cdots,v_{L-1}\right]^{\mathrm{T}},\quad v_l=P_{xx}\left(m_l\right)\end{cases} \tag{3.73}$$

式中，$i=0, 1, \cdots, q(q-1)/2$，$l=0, 1, \cdots, L-1$，$m_l=-L/2+l+1$。式(3.72)可写成矩阵形式：

$$\boldsymbol{u}=\boldsymbol{\Psi v} \tag{3.74}$$

考虑到$\boldsymbol{u}$、$\boldsymbol{\Psi}$ 的实部和虚部，可得

$$\begin{bmatrix}\mathrm{Re}(\boldsymbol{u})\\ \mathrm{Im}(\boldsymbol{u})\end{bmatrix}=\begin{bmatrix}\mathrm{Re}(\boldsymbol{\Psi})\\ \mathrm{Im}(\boldsymbol{\Psi})\end{bmatrix}\boldsymbol{v}\ \text{或}\ \tilde{\boldsymbol{u}}=\tilde{\boldsymbol{\Psi}}\boldsymbol{v} \tag{3.75}$$

为了估计功率谱，计算所有通道输出序列组合项(a,b)的互相关函数在 $k=0$ 时的值得到互相关函数值集合$\left\{r_{z_a z_b}(0)=E\left[z_a(n)z_b(n)\right]\right\}$，然后求解式(3.75)得到$\boldsymbol{v}$。

如果$\tilde{\boldsymbol{\Psi}}$是列满秩矩阵，则式(3.75)表示一个超定系统，利用最小二乘法可以求得唯一解；如果$\tilde{\boldsymbol{\Psi}}$不是列满秩矩阵，式(3.75)表示一个欠定系统，直接求解存在无数个解，但是当$\boldsymbol{v}$具有稀疏性时，它只有少数非零项，可以利用 CS 相关理论解决。

现在考虑上述第二种情形，即$\tilde{\boldsymbol{\Psi}}$不是列满秩矩阵。如果从集合$\{0, 1, \cdots, L-1\}$中随机选择 q 个不同的值作为采样模式，则$\tilde{\boldsymbol{\Psi}}$是一个随机欠采样离散傅里叶变换矩阵，它是一种常见的压缩感知测量矩阵，因此，如果$\boldsymbol{v}$具有稀疏性，且测量数($\boldsymbol{u}$的长度)足够多，则可采用多种 CS 恢复算法来求解式(3.75)。由于功率是非负的，设$\boldsymbol{v}$的稀疏度为 k，取测量矩阵$\tilde{\boldsymbol{\Psi}}$的行向量数量$q(q-1)+1\geqslant 2k$，采用非负最小二乘(non-negative least squqres, NNLS)法估计功率谱，可得

$$\boldsymbol{v}=\arg\min_{\boldsymbol{\alpha}}\left\|\tilde{\boldsymbol{\Psi}}\boldsymbol{\alpha}-\tilde{\boldsymbol{u}}\right\|_2^2,\quad \text{subject to } \boldsymbol{\alpha}\geqslant 0 \tag{3.76}$$

作为仿真实验的例子，考虑总带宽为 1GHz 的稀疏多频带信号 $x(t)$，奈奎斯特采样频率 $W=2\text{GHz}$。$x(t)$的频谱包含两个带宽为 30MHz 的子带，如图 3.21 所示。

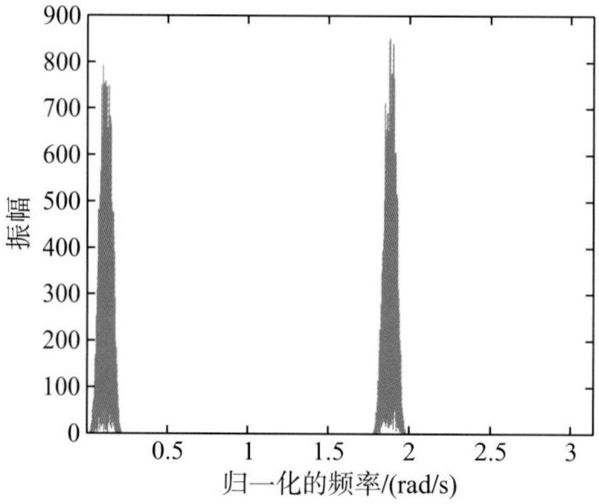

图 3.21 稀疏多频带信号的频谱

图 3.22 给出了使用 NNLS 算法对稀疏多频带信号估计的功率谱与真实功率谱对比。所选取参数为 $q = 7$，$L = 128$，频率分辨率为 15.625MHz，采样速率 qW/L 约为奈奎斯特采样速率的 1/18。由图可见，使用 NNLS 算法对稀疏多频带信号进行压缩功率谱估计，虽然在功率数值上存在一定的误差，但对频段的估计比较准确。

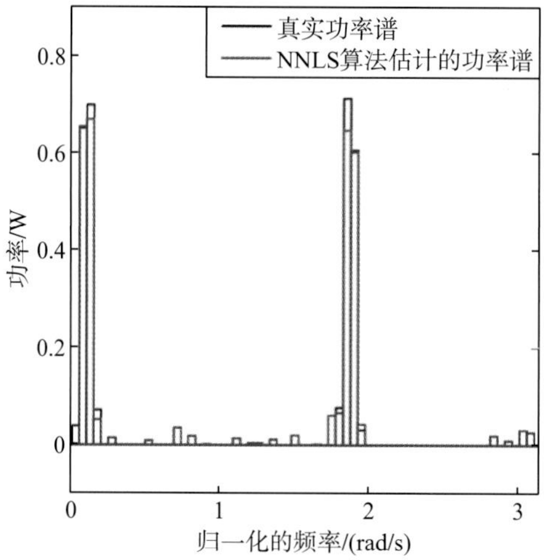

图 3.22 稀疏多频带信号压缩功率谱估计

3.5.2 基于随机调制预积分器的功率谱估计

如图 3.23 所示，用 M 个通道随机调制预积分器(RMPI)对广义平稳模拟信号 $x(t)$ 进行采样，通过第 i 个通道，$x(t)$ 受伪随机信号 $p_i(t)$ 调制。$p_i(t)$ 是周期为 NT 的有限持续时间随机方波的周期性扩展，由分段连续函数 $c_i(t)$ 产生。T 是奈奎斯特采样周期，每个通道所采集的样本长度为 L。系统的平均采样率为 M/NT。

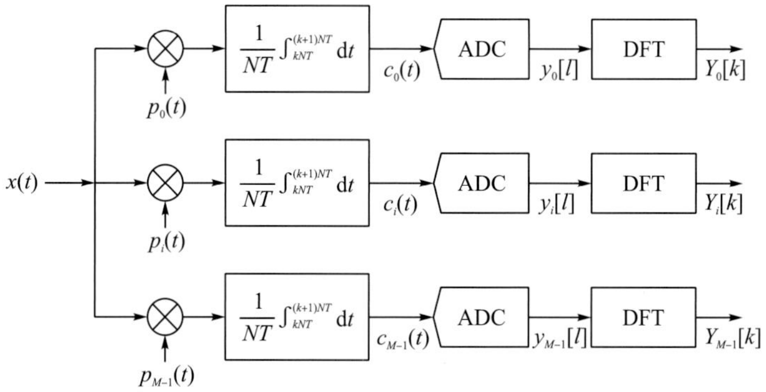

图 3.23　RMPI 亚奈奎斯特采样框架

由图 3.23 可得

$$\begin{aligned}&p_i(t)=c_i\left(t_0\right),\ t=t_0+lNT,\ 0\leqslant t_0<NT,\ l=0,1,\cdots,L,\\&c_i\left(t_0\right)=c_i[-n],\ c_i[-n]\in T\leqslant t_0<(n+1)T,\ n=0,1,\cdots,N-1\end{aligned}\tag{3.77}$$

对第 i 个通道进行 N 重下采样：

$$\begin{aligned}y_i[k]&=\frac{1}{NT}\int_{kNT}^{(k+1)NT}p_i(t)x(t)\mathrm{d}t\\&=\frac{1}{T}\sum_{n=0}^{N-1}c_i[-n]\int_{(kN+n)T}^{(kN+n+1)}x(t)\mathrm{d}t\\&=\sum_{n=1-N}^{0}c_i[n]x[kN-n]\end{aligned}\tag{3.78}$$

每个通道的输出可以看作 $s_i[n]=c_i[n]*x[n]$ 的 N 重下采样。令 $\boldsymbol{c}_i'=\left[\boldsymbol{c}_i,\boldsymbol{0}_{1\times(L-1)N}\right]$，其中，$\boldsymbol{c}_i=\left[c_i[0],c_i[1],\cdots,c_i[N-1]\right]$，$\boldsymbol{0}$ 表示零矩阵。由 $s_i'[n]=c_i'[n]*x[n]$，可得

$$\begin{aligned}y_i[l]&=s_i'[(l+1)N-1]\\&=\frac{1}{LN}\sum_{k=0}^{LN-1}S_i'[k]\mathrm{e}^{\mathrm{j}\frac{2\pi}{LN}k[(l+1)N-1]},\ l=0,1,\cdots,L-1\end{aligned}\tag{3.79}$$

其中，$S_i'[k]$ 是 $s_i[n]$ 的 LN 点离散傅里叶变换(discrete Fourier transform，DFT)。设 $C_i'[k]$ 和 $X[k]$ 分别表示 $c_i[n]$ 和 $x[n]$ 的 LN 点 DFT，根据卷积定理可知，$S_i'[k]=C_i'[k]X[k]$。由此可得，$y_i[l]$ 的 L 点 DFT 表示如下：

$$\begin{aligned}Y_i[k]&=\sum_{l=0}^{L-1}y_i[l]\mathrm{e}^{-\mathrm{j}\frac{2\pi}{L}lk}\\&=\frac{1}{LN}\sum_{l=0}^{L-1}\left[\sum_{m=0}^{LN-1}X[m]C_i'[m]\mathrm{e}^{\mathrm{j}\frac{2\pi}{LN}m[(l+1)N-1]}\right]\mathrm{e}^{-\mathrm{j}\frac{2\pi}{L}lk}\\&=\frac{1}{N}\sum_{m}X[m]C_i'[m]\mathrm{e}^{\mathrm{j}\frac{2\pi}{LN}m(N-1)}\frac{1}{L}\sum_{l=0}^{L-1}\mathrm{e}^{\mathrm{j}\frac{2\pi}{L}(m-k)l}\end{aligned}\tag{3.80}$$

由于

$$\frac{1}{L}\sum_{l=0}^{L-1}\mathrm{e}^{\mathrm{j}\frac{2\pi}{L}(m-k)l}=\begin{cases}1, & m-k=0,L,2L,\cdots,(N-1)L\\0, & \text{其他}\end{cases}$$

因此，式(3.80)可写为

$$\begin{aligned}Y_i[k]&=\frac{1}{N}\sum_{n=0}^{N-1}X[nL+k]C_i'[nL+k]\mathrm{e}^{\mathrm{j}\frac{2\pi}{LN}(nL+k)(N-1)}\\&=\frac{1}{N}\sum_{n=0}^{N-1}X[nL+k]C_i''[nL+k]\end{aligned}\tag{3.81}$$

式中，$C_i''[nL+k]=C_i'[nL+k]\mathrm{e}^{\mathrm{j}\frac{2\pi}{LN}(nL+k)(N-1)}$。将式(3.81)写成矩阵形式，可得

$$\boldsymbol{y}[k]=\frac{1}{N}\boldsymbol{C}_i''[k]\boldsymbol{x}[k]\tag{3.82}$$

式中，

$$\begin{aligned}\boldsymbol{y}[k]&=\left[Y_0[k],Y_1[k],\cdots,Y_{M-1}[k]\right]^{\mathrm{T}}\\\boldsymbol{x}[k]&=\left[X[k],X[L+k],\cdots,X[L(N-1)+k]\right]^{\mathrm{T}}\\\boldsymbol{C}''[k]&=\begin{bmatrix}C_0''[k] & C_0''[L+k] & \cdots & C_0''[L(N-1)+k]\\C_1''[k] & C_1''[L+k] & \cdots & C_1''[L(N-1)+k]\\\vdots & \vdots & & \vdots\\C_{M-1}''[k] & C_{M-1}''[L+k] & \cdots & C_{M-1}''[L(N-1)+k]\end{bmatrix}\end{aligned}\tag{3.83}$$

结合式(3.82)和式(3.83)得到：

$$\begin{bmatrix}\boldsymbol{y}[0]\\\boldsymbol{y}[1]\\\vdots\\\boldsymbol{y}[L-1]\end{bmatrix}=\frac{1}{N}\begin{bmatrix}\boldsymbol{C}''[0] & & & \boldsymbol{0}\\ & \boldsymbol{C}''[1] & & \\ & & \ddots & \\\boldsymbol{0} & & & \boldsymbol{C}''[L-1]\end{bmatrix}\begin{bmatrix}\boldsymbol{x}[0]\\\boldsymbol{x}[1]\\\vdots\\\boldsymbol{x}[L-1]\end{bmatrix}\tag{3.84}$$

由此，可计算 $x[n]$的频谱。

下面讨论信号 $x[n]$的功率谱估计。$x[n]$的功率谱 $P_x[k]$计算如下：

$$P_x[k]=X[k]X^*[k]\tag{3.85}$$

$y_i[k]$和 $y_j[k]$，$c_i'[k]$和 $c_j'[k]$的互功率谱分别为

$$P_{y_{i,j}}[k]=Y_i[k]Y_j^*[k]\tag{3.86}$$

$$P_{c_{i,j}}[k]=C_i'[k]C_j'^*[k]\tag{3.87}$$

显然，$C_i'[k]C_j'^*[k]=C_i''[k]C_j''^*[k]$，由式(3.82)可得

$$\boldsymbol{P}_y[k]=\frac{1}{N^2}\boldsymbol{P}_C[k]\boldsymbol{P}_x[k],\quad k=0,1,\cdots,L-1\tag{3.88}$$

式中，各矩阵元素表示如下：

$$\boldsymbol{P}_y[k]=\left[P_{y_{0,0}}[k],P_{y_{0,1}}[k],\cdots,P_{y_{M-1,M-1}}[k]\right]^{\mathrm{T}}\tag{3.89}$$

$$\boldsymbol{P}_x[k]=\left[P_x[k],P_x[L+k],\cdots,P_x[L(N-1)+k]\right]^{\mathrm{T}}\tag{3.90}$$

$$\boldsymbol{P}_C[k]=\begin{bmatrix} P_{C_{0,0}}[k] & P_{C_{0,0}}[L+k] & \cdots & P_{C_{0,0}}[L(N-1)+k] \\ P_{C_{0,1}}[k] & P_{C_{0,1}}[L+k] & \cdots & P_{C_{0,1}}[L(N-1)+k] \\ \vdots & \vdots & & \vdots \\ P_{C_{i,j}}[k] & P_{C_{i,j}}[L+k] & \cdots & P_{C_{i,j}}[L(N-1)+k] \end{bmatrix} \tag{3.91}$$

$\boldsymbol{P}_C[k]$ 是大小为 $M^2\times N$ 的确定矩阵。根据式(3.88)可得

$$\begin{bmatrix} \boldsymbol{P}_y[0] \\ \boldsymbol{P}_y[1] \\ \vdots \\ \boldsymbol{P}_y[L-1] \end{bmatrix}=\frac{1}{N^2}\begin{bmatrix} \boldsymbol{P}_C[0] & & & \boldsymbol{0} \\ & \boldsymbol{P}_C[1] & & \\ & & \ddots & \\ \boldsymbol{0} & & & \boldsymbol{P}_C[L-1] \end{bmatrix}\begin{bmatrix} \boldsymbol{P}_x[0] \\ \boldsymbol{P}_x[1] \\ \vdots \\ \boldsymbol{P}_x[L-1] \end{bmatrix} \tag{3.92}$$

当 $M^2\geqslant N$ 时，$\boldsymbol{P}_C[k]$ 是一个列满秩矩阵，此时可用 LS 算法求解式(3.88)，得到信号 $x[n]$ 的功率谱 $\boldsymbol{P}_x[k]$ 估计值如下：

$$\hat{\boldsymbol{P}}_x[k]=N^2\boldsymbol{P}_C^{\dagger}[k]\boldsymbol{P}_y[k],\quad k=0,1,\cdots,L-1 \tag{3.93}$$

其中，$\boldsymbol{P}_C^{\dagger}[k]$ 表示 $\boldsymbol{P}_C[k]$ 的伪逆矩阵。

对于广义平稳的信号，可使用频率平均方法估计信号功率谱，以减少包络波动。$\boldsymbol{P}_x[k]$ 的长度为 LN，用频率平均法估计的功率谱 $\boldsymbol{P}_x[k']$ 的长度为 $L'N$。令 $Z=L/L'$，L' 表示自适应频率分辨率。信号 $x[n]$ 的频谱平均表示为

$$X[k']=\frac{1}{Z}\sum_{k=k'Z}^{(k'+1)Z-1}X[k],\quad k'=0,1,\cdots,L'N \tag{3.94}$$

因此，平均的功率谱可表示为

$$P_x[k']=X[k']X^*[k'] \tag{3.95}$$

$P_x[k']$ 的频率分辨率为 $W/L'N$。

下面采用自适应平均的方法计算功率谱。将频谱 $\boldsymbol{Y}[k]$ 划分为 $L'N$ 段，并计算所有段的频谱平均值，具体计算过程如下：

$$c_i'[n]=\left[c_i[n],\boldsymbol{0}_{1\times(L'-1)N}\right] \tag{3.96}$$

$$Y_i\left[k'\right]=\frac{1}{Z}\sum_{k=k'Z}^{(k'+1)Z-1}Y_i[k] \tag{3.97}$$

$$P_{y_{i,j}}\left[k'\right]=Y_i\left[k'\right]Y_j^*\left[k'\right],\quad k'=0,1,\cdots,L'-1 \tag{3.98}$$

根据式(3.81)可得

$$\begin{aligned} Y_i\left[k'\right]&=\frac{1}{N}\sum_{n=0}^{N-1}\left(\frac{1}{Z}\sum_{k=nL+k'Z}^{nL+(k'+1)Z-1}X[k]\right)\left(\frac{1}{Z}\sum_{k=k'Z}^{(k'+1)Z-1}C''[k]\right) \\ &=\frac{1}{N}\sum_{n=0}^{N-1}X\left[nL'+k'\right]C_i'\left[nL'+k'\right] \end{aligned} \tag{3.99}$$

式中，$C_i'[k']$ 是 $c_i'[n]$ 的 $L'N$ 点 DFT。因此，式(3.93)可表示为

$$\hat{\boldsymbol{P}}_x\left[k'\right]=N^2\boldsymbol{P}_C^{\dagger}\left[k'\right]\boldsymbol{P}_y\left[k'\right],\quad k'=0,1,\cdots,L'-1 \tag{3.100}$$

由式(3.99)，只需要求解 L' 个方程组便能得到信号功率谱。

作为仿真实验的一个例子，考虑一个带宽为 1GHz 的连续谱信号 $x(t)$，奈奎斯特采

样频率 $W=2\text{GHz}$。$x(t)$的频谱如图 3.24 所示，它是包含两个约 80MHz 阻带的带频谱“孔洞”非稀疏信号。图 3.25(a)是用 Welch 算法计算的功率谱，作为参考功率谱；图 3.25(b)是使用基于 RMPI 的估计算法得到的功率谱，两者频率分辨率相同。

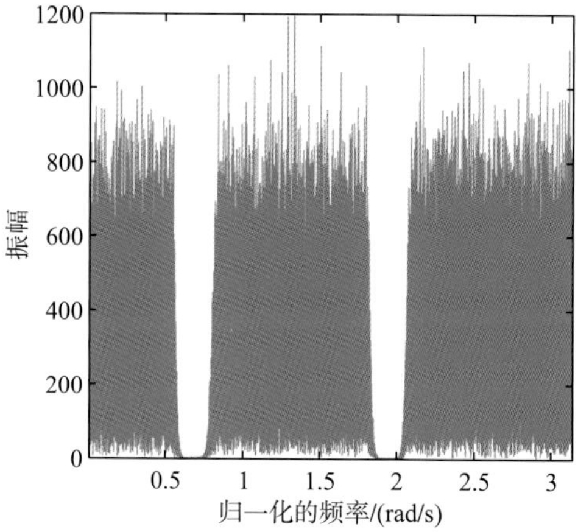

图 3.24 连续谱信号的频谱

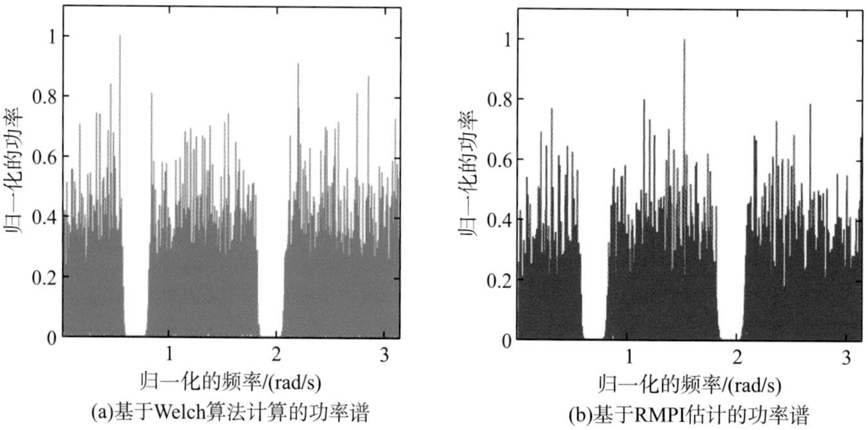

图 3.25 非稀疏信号的功率谱估计

仿真实验参数如下：通道数 $M=25$，分辨率参数 $N=128$（满足条件 $M^2>N$），自适应分辨率参数 $L'=1$。系统分辨率为 $W/L'N$（15.625MHz），系统平均采样率为 MW/N(390.625MHz)，约为奈奎斯特采样频率的 1/5，均方误差(mean square error，MSE)为 0.133。由图 3.25 可见，基于 RMPI 的功率谱估计方法结果与传统算法所得结果一致，该算法不仅可以正确估计出稀疏信号的功率谱，且能有效降低前端信号采样速率。

仿真实验的另一个例子是稀疏多频带信号的功率谱估计。考虑总带宽为 2GHz 的稀疏多频带信号 $x(t)$，奈奎斯特采样频率 $W=2\text{GHz}$。$x(t)$的频谱包含两个带宽为 30MHz 的子带，如图 3.26 所示。

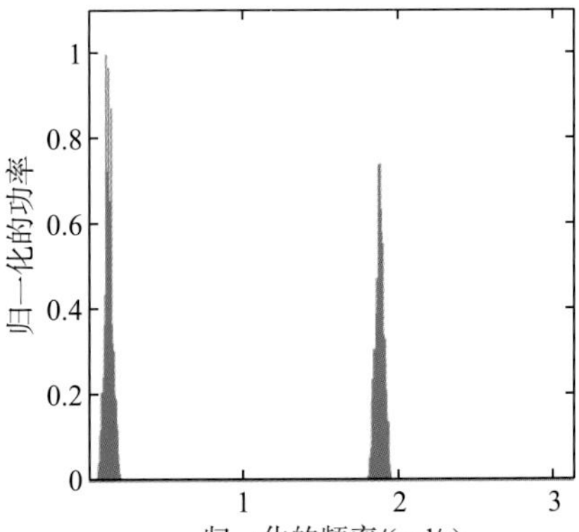

(a)基于Welch算法计算的功率谱

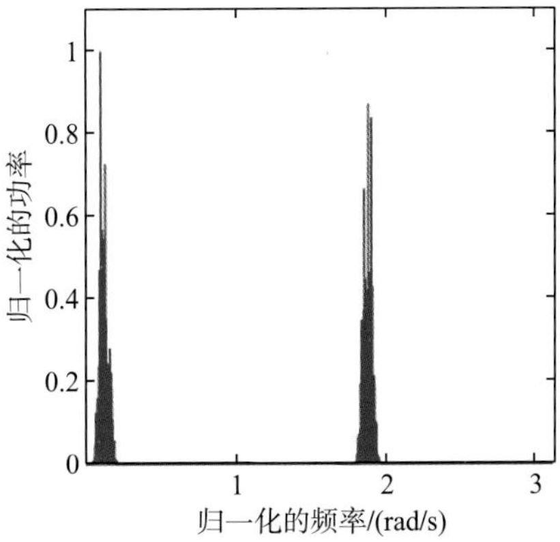

(b)基于RMPI估计的功率谱

图 3.26　稀疏多频带信号的功率谱估计

仿真实验参数如下：通道数 M=25，分辨率参数 N=128（满足条件 $M^2 > N$），自适应分辨率参数 $L'=1$。系统分辨率为 $W/L'N$（15.625MHz），系统平均采样率为 MW/N（390.625MHz），约为奈奎斯特采样频率的 1/5，均方误差(MSE)为 0.339。由图 3.26 可见，基于 RMPI 的功率谱估计方法结果与传统算法所得结果一致，该算法不仅可以正确估计出稀疏信号的功率谱，且能有效降低前端信号采样速率。

3.6　本 章 总 结

本章介绍了低通信号理想采样与恢复技术，带通信号的采样技术，重点介绍了稀疏信号压缩采样的方案，包括随机解调器、多陪集采样、调制宽带转换器、随机调制预积分器，并进行信号采样与重构理论分析。介绍了信号重构算法，重点介绍了正交匹配追踪、正则化正交匹配追踪、分段正交匹配追踪、压缩采样正交匹配追踪，以及我们提出的改进正交匹配追踪算法。介绍了基于多陪集采样和随机调制预积分器的信号功率谱估计，在理论分析的基础上，给出了仿真实验结果。

参 考 文 献

[1] Mitra S K. 数字信号处理——基于计算机的方法(第 4 版)[M]. 余翔宇，译. 北京：电子工业出版社, 2012.

[2] Proakis J G, Manolakis D G. Digital Signal Processing: Principles, Algorithms and Applications[M]. 4th edition. Upper Saddle River: Prentice Hall, 2008.

[3] Lexa M, Davies M, Thompson J. Sampling sparse multitone signals with a random demodulator[R]. Edinburgh: Institute of Digital Communications, University of Edinburgh, 2010.

[4] Laska J, Kirolos S, Duarte M, et al. Theory and implementation of an analog-to-information converter using random demodulation[C]. IEEE International Symposium on Circuits and Systems, New Orlean, USA, 2007.

[5] Tropp J A, Laska J N , Duarte M F, et al. Beyond Nyquist: Efficient sampling of sparse bandlimited signals[J]. IEEE Transactions on Information Theory, 2010, 56(1): 520-544.

[6] Candes E, Romberg J, Tao T. Robust uncertainty principles: Exact signal reconstruction from highly incomplete frequency information[J]. IEEE Transactions on Information Theory, 2006, 52(2): 489-509.

[7] Tropp J. Signal recovery from random measurements via orthogonal matching persuit[J]. IEEE Transactions on Information Theory, 2007, 53(12): 4655-4666.

[8] Blumensath T, Davies M E. Iterative thresholding for sparse approximations[J]. Journal of Fourier Analysis and Applications, 2008, 14(5): 629-654.

[9] Lexa M, Davies M , Thompson J . Multi-coset sampling and recovery of sparse multiband signals[R]. Edinburgh: Institute of Digital Communications, University of Edinburgh, 2011.

[10] Domínguez-Jiménez M E , González-Prelcic N , Vazquez-Vilar G , et al. Design of universal multicoset sampling patterns for compressed sensing of multiband sparse signals[C]. IEEE International Conference on Acoustics, Speech and Signal Processing, Kyoto, Japan, 2012.

[11] Feng P. Universal minimum-rate sampling and spectrum-blind reconstruction for multiband signals[D]. Urbana: University of Illinois at Urbana-Champaign, 1997.

[12] Feng P, Bresler Y. Spectrum-blind minimum-rate sampling and reconstruction of multiband signals[C]. IEEE International Conference on Acoustics, Speech, and Signal Processing, Atlanta, USA, 1996.

[13] Venkataramani R, Bresler Y. Perfect reconstruction formulas and bounds on aliasing error in sub-Nyquist nonuniform sampling of multiband signals[J]. IEEE Transactions on Inform. Theory, 2000, 46(6): 2173-2183.

[14] Bresler Y. Spectrum-blind sampling and compressive sensing for continuous-index signals[C]. 2008 Information Theory and Applications Workshop, San Diego, USA, 2008.

[15] Mishali M, Eldar Y. Blind multiband signal reconstruction: Compressed sensing for analog signals[J]. IEEE Transactions on Signal Processing, 2009, 57(3): 993-1009.

[16] Scharf L L. Statistical Signal Processing: Detection, Estimation, and Time Series Analysis[M]. Reading: Addison-Wesley Publishing Co., 1991.

[17] Lexa M, Davies M, Thompson J. Sampling sparse multiband signals with a modulated wideband converter[R]. Edinburgh: Institute of Digital Communications, University of Edinburgh, 2010.

[18] Mishali M, Eldar Y C. From theory to practice: Sub-Nyquist sampling of sparse wideband analog signals[J]. IEEE Journal of Selected Topics in Signal Processing, 2010, 4(2): 375-391.

[19] Tropp J A, Laska J N, Duarte M F, et al. Beyond Nyquist: Efficient sampling of sparse bandlimited signals[J]. IEEE Transactions on Information Theory, 2009, 56(1): 520-544.

[20] Candes E J, Wakin M B. An introduction to compressive sampling[J]. IEEE Signal Processing Magazine, 2008, 25(2): 21-30.

[21] Mishali M, Eldar Y C. Reduce and boost: Recovering arbitrary sets of jointly sparse vectors[J]. IEEE Transactions on Signal Processing, 2008, 56(10): 4692-4702.

[22] 张弓, 方青, 陶宇, 等. 模拟信息转换器研究进展[J]. 系统工程与电子技术, 2015, 37(2): 229-238.

[23] Needell D, Tropp J A. CoSaMP: Iterative signal recovery from incomplete and inaccurate samples[J]. Applied and Computational Harmonic Analysis, 2009, 26(3): 301-321.

[24] Mallat S P, Zhang Z. Matching pursuits with time-frequency dictionaries[J]. IEEE Transactions on Signal Processing, 1993, 41(12): 3397-3415.

[25] Donoho D L, Tsaig Y, Drori I, et al. Sparse solution of underdetermined systems of linear equations by stagewise orthogonal matching pursuit[J]. IEEE Transactions on Information Theory, 2012, 58(2): 1094-1121.

[26] Needell D, Vershynin R. Signal recovery from incomplete and inaccurate measurements via regularized orthogonal matching pursuit[J]. IEEE Journal of Selected Topics in Signal Processing, 2010, 4(2): 310-316.

[27] Needell D, Vershynin R. Uniform uncertainty principle and signal recovery via regularized orthogonal matching pursuit[J]. Foundations of Computational Mathematics, 2009, 9(3): 317-334.

[28] Chen S S, Saunders D. Atomic decomposition by basis pursuit[J]. SIAM Review, 2001, 43(1): 129-159.

[29] Candes E J, Romberg J, Tao T. Robust uncertainty principles: Exact signal reconstruction from highly incomplete frequency information[J]. IEEE Transactions on Information Theory, 2006, 52(2): 489-509.

[30] Figueiredo M, Nowak R D, Wright S J. Gradient projection for sparse reconstruction: Application to compressed sensing and other inverse problems[J]. IEEE Journal of Selected Topics in Signal Processing, 2008, 1(4): 586-597.

[31] Daubechies I, Defrise M, Mol C D. An iterative thresholding algorithm for linear inverse problems with a sparsity constraint[J]. Communications on Pure and Applied Mathematics, 2004, 57(11): 1413-1457.

[32] Gilbert A C, Guha S, Indyk P, et al. Near-optimal sparse Fourier representations via sampling[C]. 34th Annual ACM Symposium on Theory of Computing, New York, USA, 2002.

[33] Gilbert A C, Muthukrishnan S, Strauss M. Improved time bounds for near-optimal sparse Fourier representations[J]. Proceedings of SPIE, 2005, 5914: 398-412.

[34] Gilbert A C, Strauss M J, Tropp J A, et al. Algorithmic linear dimension reduction in the ℓ_1 norm for sparse vectors[J/OL]. arXiv, 2006. https://doi.org/10.48550/arXiv.cs/0608079.

[35] Gilbert A C, Strauss M J, Tropp J A, et al. One sketch for all: Fast algorithms for compressed sensing[C]. 39th Annual ACM Symposium on Theory of Computing, San Diego, USA, 2007.

第4章　压缩感知技术在天文信号处理中的应用

4.1　压缩采样系统设计

4.1.1　系统整体方案

为了实现利用调制宽带转换器基本原理对射电天文信号进行压缩采样，本书设计了基于调制宽带转换器的压缩采样系统，其主要构成有两大部分，一部分是硬件电路实现压缩采样并存储，另一部分是 PC 端利用重构算法完成信号重构，系统整体设计框图如图 4.1 所示。

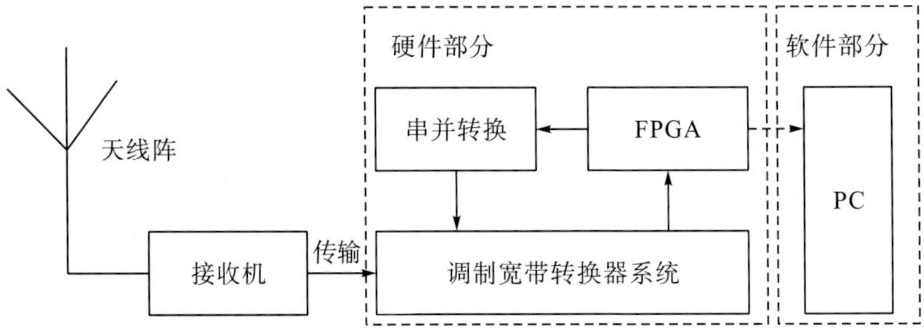

图 4.1　系统整体设计框图

射电天文信号经过天线接收后经接收机预处理。接下来本书系统对预处理信号进行压缩采样，具体的操作步骤是首先预处理信号经过 4 通道的调制宽带转换器系统进行信号压缩采样，压缩采样的过程控制由现场可编程门阵列（field programmable gate array，FPGA）完成，周期伪随机序列信号由串并转换模块实现，最后将采集的数据存储在 SD 卡中，调制宽带转换器系统硬件设计[1]框图如图 4.2 所示。

图 4.2 中表述了硬件设计的基本构想，预处理信号在每个通道中的处理流程都是相同的，首先经过乘法器与经过串并转换模块产生的周期伪随机序列信号进行混频操作，而后经过二阶巴特沃思(Butterworth)低通滤波器进行滤波处理。在滤波处理之后由于信号存在一定程度的衰减，需要对信号做放大处理，具体的放大倍数需要根据电路设计参数计算。最后通过 AD 采样获得压缩采样输出序列组数据，然后存储以备后续软件进行重构。

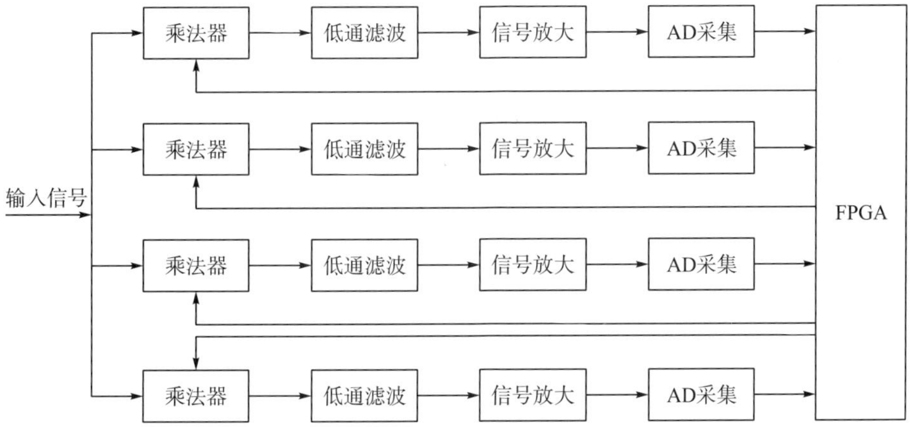

图 4.2　调制宽带转换器系统硬件设计框图

系统框图中的软件部分主要完成的任务是重构算法的 PC 端实现，对系统之前压缩采样存储的数据利用匹配追踪算法恢复原始信号，主要利用 MATLAB 软件进行重构算法研究与实现。

4.1.2　系统参数选择

根据调制宽带转换器的系统参数要求对参数进行合理设计，为了减小硬件设备的体积并且能够满足采样要求，本书设计的采样通道数为 4 路，即 q=4，接下来严格按照系统原理设计的相关要求选取参数。

周期伪随机序列的跳变频率要求要大于奈奎斯特采样频率[2]，而我们设计的系统是针对 55～65MHz 的太阳磁暴信号观测，假定需要观测信号的最大频率为 80MHz，则需要的奈奎斯特采样频率为 160MHz，这就要求周期伪随机信号的跳变频率至少为 160MHz。

系统设计原理中要求 $f_p \geqslant B$，所以周期伪随机序列长度取值为 20，即 $M = 20$，根据对频率的要求，所以周期伪随机序列的频率 $f_p = 8\,\text{Hz}$。为了在重构信号中避免多倍频采样的频谱加权还原频谱的过程，我们设定 $f_s = f_p$。

在设定 q, f_s, f_p 的基础上，低通滤波器的截止频率 $f_c = q \cdot f_p / 2$，但是在实际应用过程中，由于滤波器的性能不可能达到理想的状态，所以对于滤波器性能的要求可以适当放宽。也是因为滤波器的原因，在滤波器幅频特性的影响下可能会导致滤波后的信号幅度发生一定的改变，这就要求后面需要加入信号放大器电路对信号进行进一步处理，具体的放大器的性能指标会根据电路实际测试情况调整，使对原始信号信息损失最小，提高压缩采样的准确率。

4.1.3　伪随机序列发生器

伪随机序列在调制宽带转换器中是必不可少的元素，Mishali 等所设计的伪随机序列发生器采用多个高速移位寄存器串联的方式实现[3]，随着数字处理芯片高速发展，一些研究人员利用 FPGA 实现了伪随机序列发生器的设计[4-7]。

利用 FPGA 直接实现伪随机序列信号占用一定的系统资源，这也就是对 FPGA 的性能提出了一定的要求，低端的 FPGA 难以实现高速伪随机序列信号发生器的能力。针对这种情况，结合研究实际情况和实验室现有资源，在满足系统要求的情况下选取了 MC100EP446 串并转换[8]芯片实现伪随机周期序列信号的设计，数据手册说明该芯片的最高传输速率可以达到 3.2GHz，优异的性能完全可以满足本书设计的采样系统伪随机序列发生器的要求，电路原理图如图 4.3 所示。

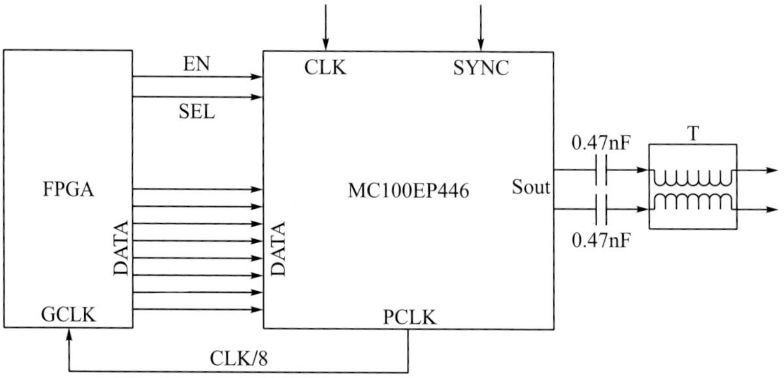

图 4.3　串并转换电路原理图

FPGA：现场可编程门阵列；GCLK/PCLK：并行数据参考时钟；CLK：MC100EP446 运行主时钟；SYNC：MC100EP446 同步信号；Sout：串行数据输出接口；EN：MC100EP446 使能信号；SEL：MC100EP446 片选信号

周期伪随机序列的模板可以通过 MATLAB 直接生成后存储于 FPGA 的随机存取机(random access machine，RAM)中，也可以通过 FPGA 内部资源来实现，为了后面压缩矩阵的设计更为方便，直接采用 MATLAB 生成后存储于 FPGA 中，从而产生按照目的设计的周期伪随机序列信号。

具体的实现过程是通过 FPGA 的时钟控制，将 8 位并行数据在 CLK 时钟的作用下串行输出，输出的串行信号为差分信号，后续的电路需要进行差分信号到单端信号的转换，设计中使用了 Mini-Circuits 公司的平衡变压器 TC-1-13M-22+实现了差分到单端的转换，周期伪随机序列信号是本系统设计的重要部分，也是整个系统设计的重点。

4.1.4　压缩采样通道电路设计

1. 混频器电路

调制宽带转换器系统中的混频模块是输入信号与周围伪随机序列信号的调制过程[9]。为了观测到太阳磁暴信息，压缩采样系统的输入信号的最大频率为 80MHz，前节已述周期伪随机序列信号的跳变频率为 160MHz，所以对于选取乘法器的关键指标[10]就是能处理带宽达到 160MHz 以上，在输入输出的选择上本着两输入单输出的原则。

鉴于系统的基本要求，乘法器芯片选取亚德诺半导体技术公司(Analog Devices Inc.，ADI)生产的电压输出四象限乘法器 AD835，芯片的输出带宽最大可以达到 250MHz，满足了系统设计的最基本要求，并且选取的芯片四端口输入、单端口输出，后续的电路设计较为简单，乘法器功能框图如图 4.4 所示。

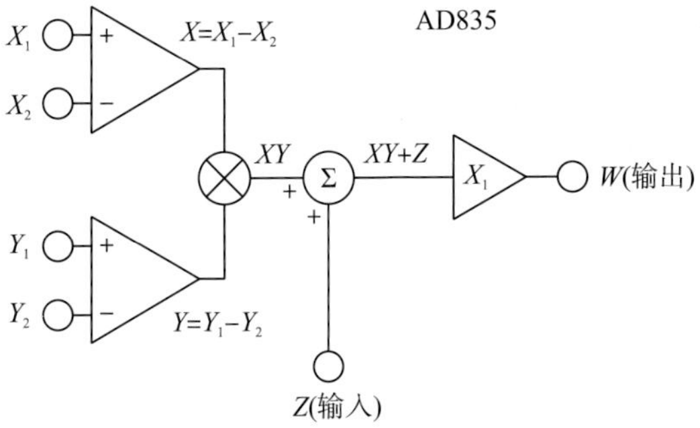

图 4.4　乘法器功能框图

对图 4.4 中的乘法器功能框图进行分析，可以得到其乘法输出函数：

$$W=(X_1-X_2)+(Y_1-Y_2)+Z \tag{4.1}$$

从乘法器数据手册中可以看到，为了使得乘法器具有 $W=X\times Y$ 的数学关系，对电路的设计需要将 X_2、Y_2、Z 接地才可以满足输入为零，只有这样，乘法器才具有与之对应的输入输出关系 $W=X_1\times Y_1$。如图 4.5 所示为乘法器 AD835 的具体电路设计，按照指导手册上对电路设计的要求，对元器件选型的规定进行设计，可以看到输出端的信号存在一定幅度的压降，具体数值由电阻 R_1 和 R_2 决定，这就需要在后续电路中加入信号放大器进行微调。

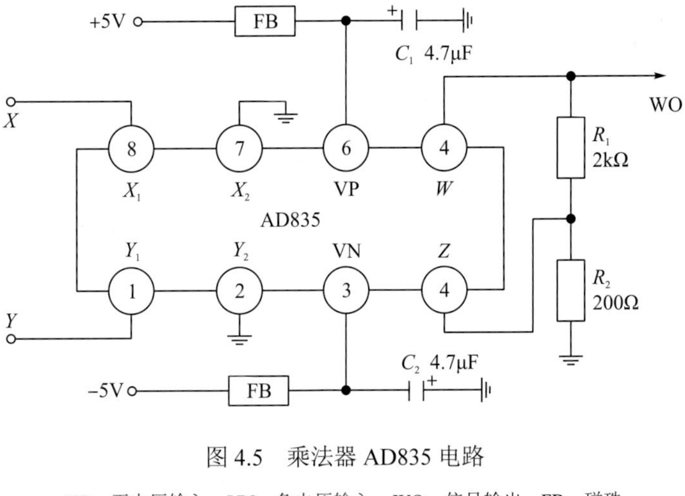

图 4.5　乘法器 AD835 电路

VP：正电压输入；VN：负电压输入；WO：信号输出；FB：磁珠

2. 低通滤波器电路

用于调制宽带转换器系统上的低通滤波器的截止频率要求不是十分严格，针对高频滤波器[11]设计采用 Nuhertz Filter Solutions（NFS）软件进行电路设计和幅频特性分析。根据采样系统设计需要，设计了二阶巴特沃思低通滤波器[12,13]，低通滤波器的截止频率为 8MHz。

图 4.6 为二阶巴特沃思低通滤波器设计图，通过在 NFS 软件中设定滤波器类型、阶数、截止频率等，系统会自动产生电路设计图如图 4.6(a)所示，图 4.6(b)中的低通滤波器电路是为了验证 NFS 软件设计的滤波器的具体性能进行的仿真。

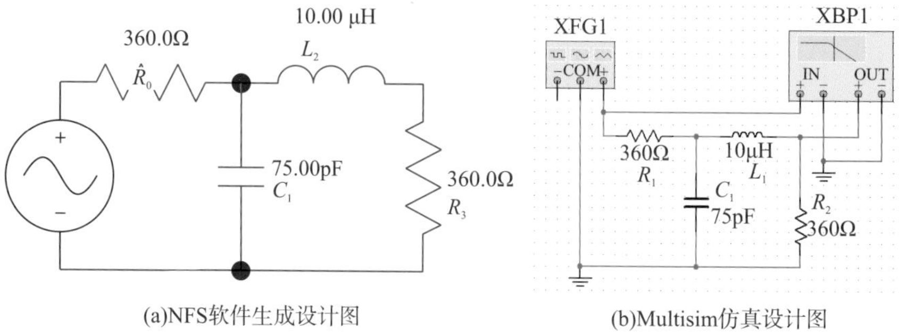

图 4.6　低通滤波器电路设计图

XFG1：信号发生器；XBP1：波特测试仪

在 NFS 软件设计过程中，自动生成了所设计的二阶巴特沃思滤波器的幅频特性图，如图 4.7 所示，可以看到特性图中截止频率非常理想，为 8MHz，并且相频特性也非常理想。为了验证所设计的巴特沃思滤波器的性能，用 Multisim 对其幅频特性进行检测，得到了如图 4.8 所示的结果，输出信号存在−6dB 的衰减。为了验证 Multisim 仿真结果是否准确，实际设计了图中的低通滤波电路然后进行测试，输入端采用峰值为 1V 的正弦信号输入，输出信号为 0.495V 左右，则直接说明了有接近 50%的信号衰减，这样的结果与仿真的结果基本一致。

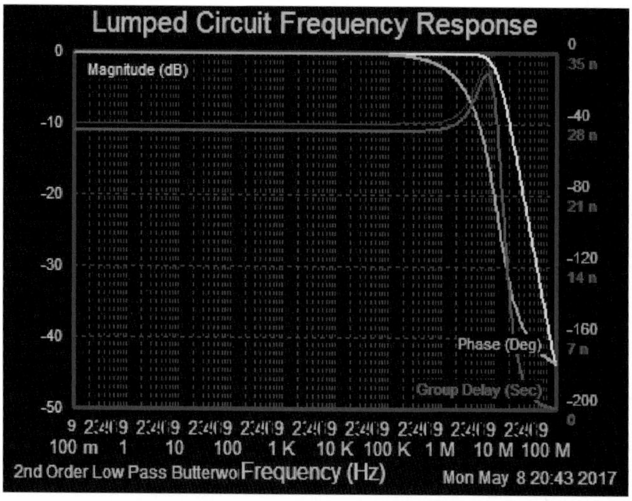

图 4.7　NFS 软件所生成的频谱特性关系图

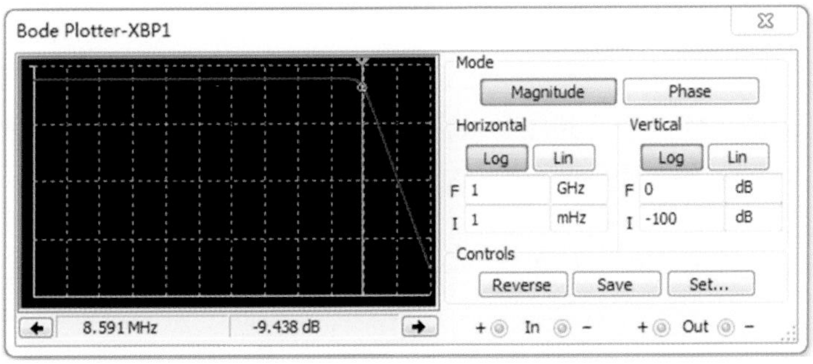

图 4.8　低通滤波电路仿真结果

3. 放大电路

调制宽带转换器系统中放大器的作用是对信号传输和滤波中造成的衰减进行微调，使其衰减尽可能的小，以保证后续采样能够采集更为准确的数值。虽然放大器的作用在系统中并不明显，但也是系统组成不可缺少的部分。限于系统本身的要求，对信号放大器间接也有严格的要求，信号放大器的带宽必须大于 160MHz。由于周期伪随机序列信号跳变频率限制，因此在系统中传输的信号频率也是上限频率。

虽然系统对滤波器没有严格的标准和要求，但是为了能够尽可能减少信号传输时延，确保 ADC 采样准确性，采用最简单的一阶同相比例运算电路设计[14]方法进行电路设计。选用德州仪器公司的 OPA695 作为放大器的运算芯片，通过数据手册了解到该芯片在增益为+8dB 时，带宽数据依然可以达到 450MHz，完全可以满足系统在频率上的要求。同相放大器的电路设计采用经典设计方法，如图 4.9 所示。

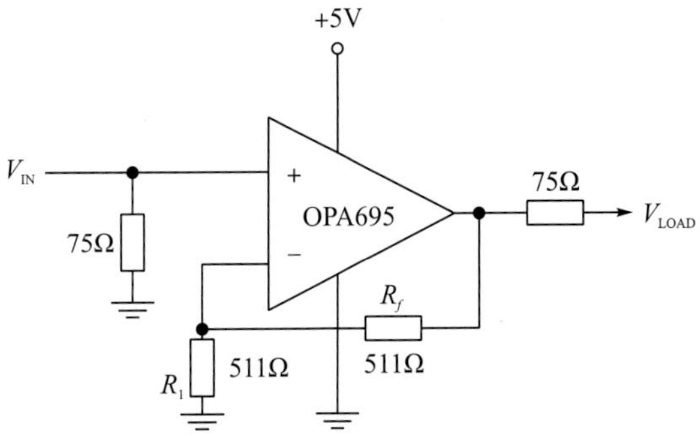

图 4.9　同相放大器电路

典型的同相放大器输入输出之间的关系可以表示为

$$V_O = \left(1 + R_f / R_1\right) V_S \tag{4.2}$$

根据图 4.9 可知，$R_f = R_1 = 511\Omega$，所以$V_{LOAD} / V_{IN} = 2$，表明信号同相放大 2 倍，与之前经过低通滤波器衰减的 50%进行补偿，为后续采集电路提供保障。

4. ADC 采集电路

压缩采样系统经过数据采集获得输出序列 $y_k[n]$，系统的采样速率设定为 $f_s = 8\text{MHz}$，芯片的选择主要考虑达到采样率要求即可。经过多方对比，选取 Analog Devices 公司生产的 8 位低功耗模数转换器芯片 AD9057，该芯片能够达到的最大采样速率为 120MHz，完全符合本书设计的系统采样速率的要求，然后按照数据手册要求设计电路，如图 4.10 所示。

待处理的输入信号经过 AD8041 反向处理后经 AD9057 进行采样处理。不同的 ADC 的控制时序也不同，本书选取的数据采集芯片具有容易控制的优点，不需要多个控制线就能够完成一次数据采集工作。如图 4.11 所示，从数据采集的时序图中可以看到一个时钟周期完成一次采样，ADC 采样时钟上升沿时进行采集工作，ADC 采样时钟下降沿时采集数据输出，控制时序越简单性能越优异，对于 ADC 采集电路只需要提供时钟就可以得到采集数据信息，经过数据采集后的 8 位信号交由 FPGA 存储。

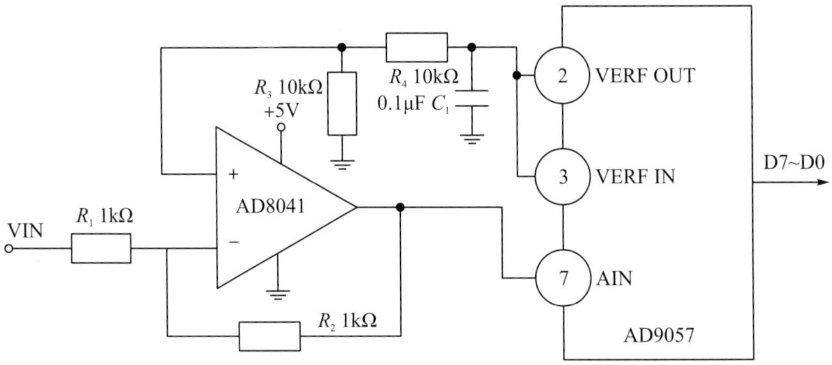

图 4.10 ADC 数据采集电路图

VIN：模拟信号输入端口；VERF OUT：ADC 芯片的参考电压输出端；VERF IN：ADC 芯片的参考电压输入端；AIN：ADC 芯片的模拟信号输入端

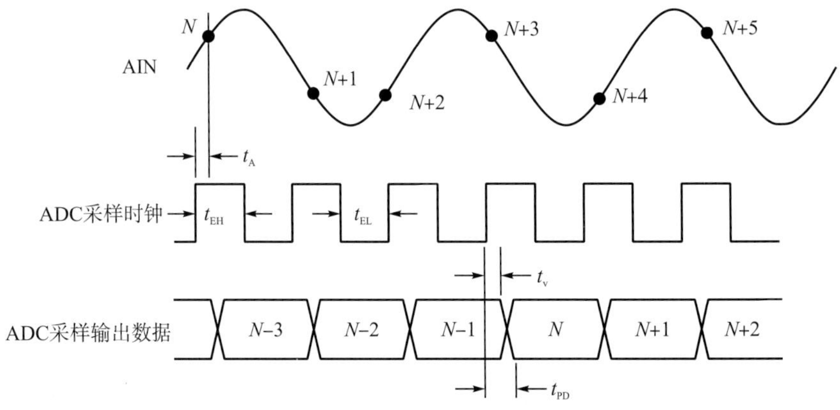

图 4.11 ADC 数据采集时序图

4.1.5 采样数据存储

前节介绍了压缩采样系统硬件设计的最后一步 ADC 采样，压缩采样数据的存储是为后续信号重构做准备的，调制宽带转换器输出序列信号的数据速率可以达到 64MB/s。若单纯采用 SD 卡存储数据[15]是不能够完成的，虽然现今的 SD 卡在 3.0 标准下读取速度可以达到 104MB/s，甚至在 4.0 标准下读取速度可以达到 312MB/s，但是实际应用的 SD 卡一般写入速度为 12.5MB/s，难以满足系统的存储速度要求。

为了满足高速率的数据存储要求，首先采用开发板自带的高速缓存对数据进行暂存，然后再通过其他方式或者间接以较低速率输出并进行存储。选择板载 DDR2 缓存[16]的最高频率可以达到 400MHz，完全可以满足系统对高速数据的采集和存储。通过 FPGA+PC 方式实现[17]，具体过程是：FPGA 开发板接收到 ADC 采集的数据，对数据进行预处理后在缓存中存储，最后通过 USB3.0 将数据传输到 PC 端上位机存储，对存储数据处理的工作是通过 MATLAB 中追踪匹配相关算法完成的。具体的数据存储流程如图 4.12 所示。

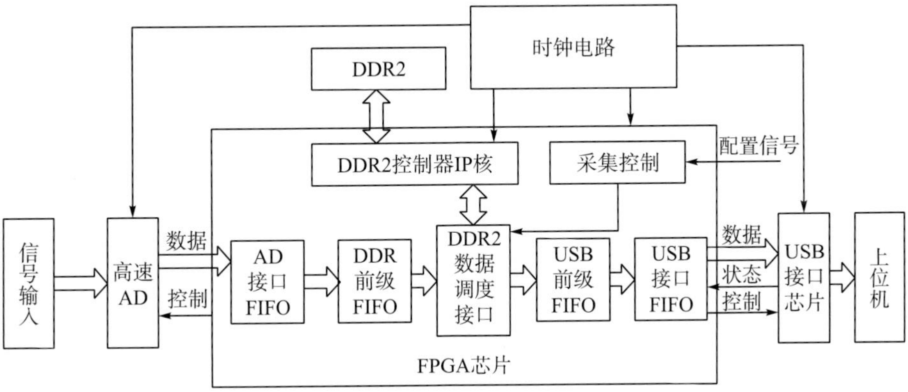

图 4.12 数据存储流程

FIFO：先入先出队列

数据存储的系统主要包括 FPGA 核心控制模块、DDR2 控制器 IP 核、数据集中调度模块、USB3.0 高速数据模块等主要部分。工作过程是 FPGA 作为控制核心集中对各个模块进行时序控制，使得每个模块能按照指定的流程实现相对应的各项功能。数据缓存 DDR2 的数据位宽为 64 位，为了匹配其数据位宽，首先将 8 位 ADC 采集的数据与 4 位循环冗余检验(cyclic redundancy check，CRC)数据拼接，这样数据宽度为 12 位，然后将 5 组数据组合成 60 位宽的数据，再在其后面加入 4 位数据 0 补全 64 位数据，从而使数据达到 64 位宽，使其满足 DDR2 控制总线对位宽的基本要求。

FPGA 作为 USB3.0 接口控制器，包含的主要模块功能有 USB 前级 FIFO，具体的数据带宽可以达到 128 位，深度能够达到 256 位，在控制器的控制下能够完成数据的读写，实现采集信号到 PC 端的传输。PC 端上位机软件的功能主要是接收 USB 数据，然后对数据进行存储，并将存储的数据交由 MATLAB 直接使用。数据以 Excel 表格形式存储，选取表格形式存储，是为了 MATLAB 能够直接使用数据，无须进行其他的筛选操作。数据表格中的数据形式为 N 行 4 列，每一行中每一列的数据表示每一个通道的采样数据，在后续的重构算法使用数据时，能够直接对数据进行处理，省去了预处理的步骤，为后续的重构算法研究奠定了基础。

4.2 射电天文信号采样与重建

4.2.1 系统整体测试环境

压缩采样系统主要包含硬件实现和算法实现两大部分：硬件实现包含了串并转换模块、混频模块、放大器、AD 采样模块、DDR2 缓存、主控 FPGA；算法实现包含了基于 C#上位机数据接收部分实现数据的存储，以及基于 MATLAB 的重构算法，实验部分实现了信号重构并显示。系统的测试框图如图 4.13 所示。

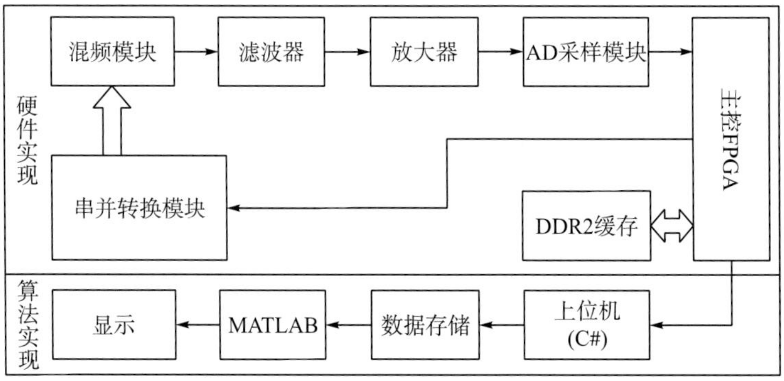

图 4.13 压缩采样系统测试框图

4.2.2 伪随机序列发生器测试

伪随机序列信号发生是 MWC 系统重要的环节，系统需要伪随机序列信号对频谱进行搬移，一般而言，MWC 系统中的伪随机序列要求可以周期化也可以非周期化，但是为了后续重构信号对算法的要求难度降低，一般都会采用具有周期性的伪随机序列进行混频。

周期伪随机序列发生器的设置采用 MATLAB 随机生成伪随机序列，然后将其存储在 FPGA 中，所以周期伪随机序列采用预先设定的模式工作，为了验证伪随机序列模块的工作情况，进行了实验验证，结果如图 4.14 所示。通过对比预先设定的信号与实际串并转换模块所产生的信号，不难发现 4 路信号都是与预先设定的结果完全一致的。

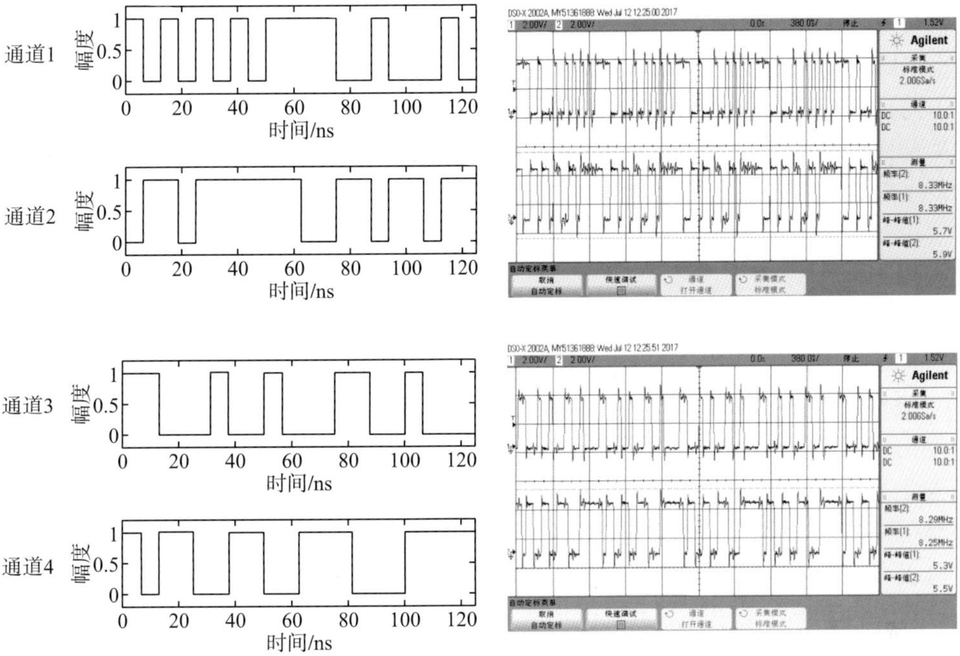

(a)仿真伪随机序列　　(b)实测伪随机序列

图 4.14　伪随机序列仿真与实测对比

可以看到通道 1、2 示波器显示的频率为 8.33MHz，通道 3、4 示波器显示的频率为 8.29MHz，由于在测试的过程中示波器只有双通道，只能一次测两条通道，在示波器允许的误差中可以认为本书中设计的周期伪随机序列信号发生器电路运行正常，其运行结果符合预先设定，输出信号的频率也达到了 MWC 系统设计时 8MHz 的基本要求。

在对伪随机周期序列信号进行测试之后，对混频模块进行测试，在测试之前利用 MATLAB 做了简单的实验，用角频率 $\omega_1 = \pi$ 和 $\omega_2 = 0.02\pi$ 的两个正弦信号进行混频实验，结果如图 4.15(a)所示，当采用频率 $f_1 = 500\,\text{kHz}$ 与 $f_2 = 5\,\text{MHz}$ 进行混频，得到了如图 4.15(b)所示的结果。由此可以看出，混频电路设计符合设计标准，达到了设计的基本要求，满足为后续电路工作奠基的任务。

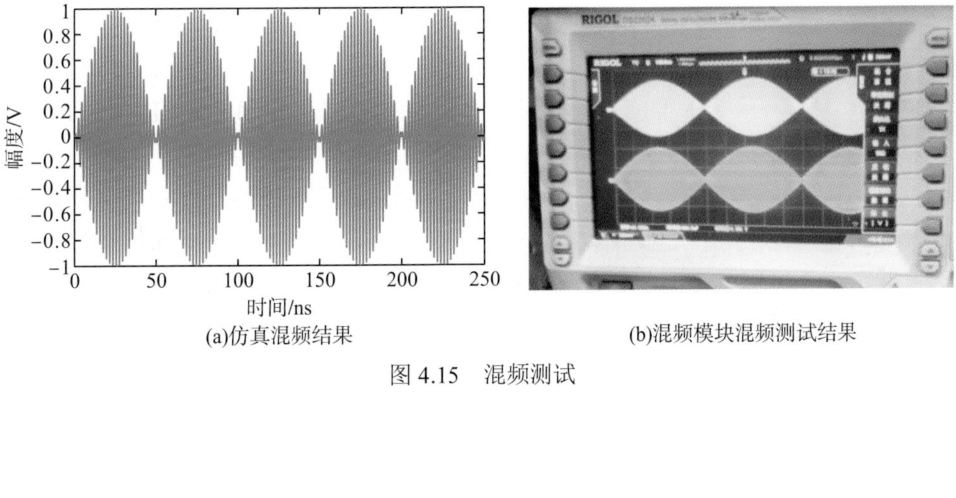

(a)仿真混频结果　　(b)混频模块混频测试结果

图 4.15　混频测试

4.2.3　低频射电信号采集实测结果

本书设计的低频射电信号采集系统如图 4.16 所示，可采集最高频率为 80MHz 的信号。设计采集系统的主要目的是采集 55～65MHz 范围的低频射电信号，该频段信号主要反映了太阳磁暴信息。

采用本书设计的信号采集系统对低频射电天线阵观测信号进行压缩采样实验，并与中国科学院云南天文台(简称中科院云南天文台)的采样观测系统采集的信号进行对比。接通电源之后，本书设计的信号采集系统与中科院云南天文台的采样观测系统同时对数据进行记录存储。进行多次实验，每次结果都单独存储。在实验中，不仅要比较重构信号与原始信号，而且要比较重构信号的频谱与中科院云南天文台观测系统所测量的频谱，以验证本书设计的采集系统的性能(中科院云南天文台的采样观测系统是商用系统，已被广泛使用，其测量信号的准确度具有可比性)。在测试实验过程中，由于不同时刻所观测到的信号不尽相同，所以需要在多个时刻进行多次测量、多次对比，并尽可能多地采集数据，以备后续的重构算法验证。

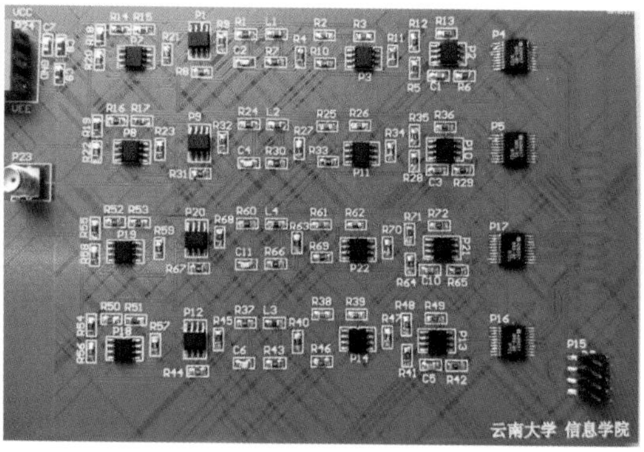

图 4.16　低频射电信号采集系统

经过分组、分时段多次实验，得到了多组实验结果，并且所有的实验结果均是统一的。现选择其中一组进行分析，时域结果如图 4.17 所示，频域结果如图 4.18 所示。在时域对比中，采用本书设计的低频射电信号采集板处理后重构出的信号与原始信号的均方误差值为 1.32×10^{-2}，而中科院云南天文台采样观测系统的处理结果的均方误差为 1.24×10^{-2}，客观的数据反映了本书设计的压缩采样电路有较好的性能，但是依然存在信号干扰和一定的电路布线缺陷，从而导致有一定的误差。图 4.18 反映出本书设计的压缩采样电路采样后恢复的信号频谱与中科院云南天文台采样观测系统频谱的对比结果，直观比较可以看到两者的频谱基本保持一致，仔细对比会发现中科院云南天文台采样观测系统得到的频谱中细节比较清晰，而本书设计的压缩采样系统重构出的信号频谱缺失了部分细节信息，但是主题的频谱都已全部恢复成功，在幅度较小的频段恢复的情况有待提高，主要原因是电路中存在一定的电磁干扰，产生了部分噪声信息，间接影响了采样电路的性能。

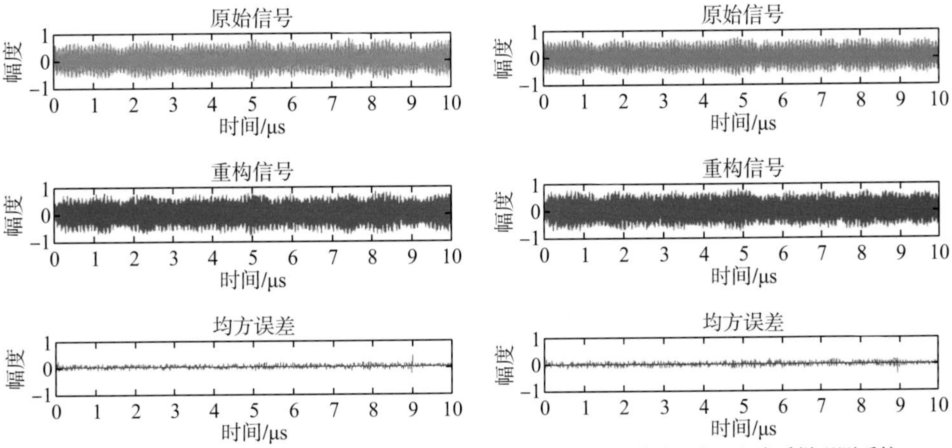

(a)本书设计的采集系统　　(b)中科院云南天文台采样观测系统

图 4.17　时域信号重构对比结果

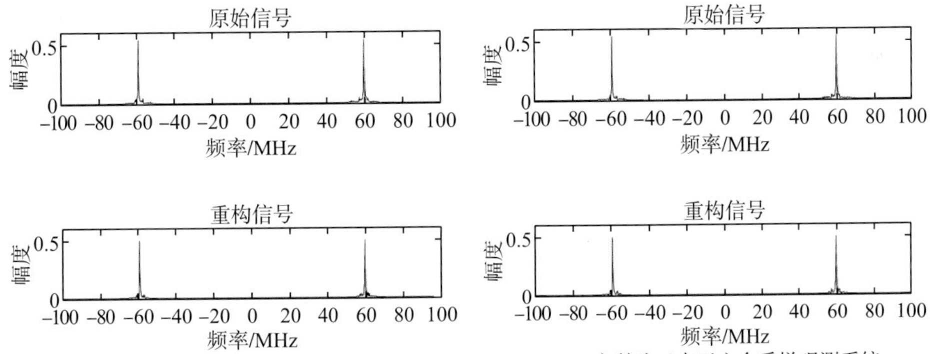

(a)本书设计的采集系统　　(b)中科院云南天文台采样观测系统

图 4.18　频域信号重构对比结果

4.3　射电天文信号的功率谱估计

中科院云南天文台研究人员设计了半波偶极子天线(half-wave dipole antenna，HWDA)阵列系统，作为太阳无线电监测仪器，密切关注可能在 55～65MHz 频率范围产生的频率分裂，为研究太阳射电爆发提供依据。该系统于 2017 年 1 月 4 日 13：50 至 13：53，以 200MHz 的频率对 55～65MHz 范围内的太阳射电信号进行连续采集，得到了序列长度均为 1024 的多组实验数据。

为了便于对比，从所采集的同一频段、不同时刻的多组长度相同的太阳射电信号中，随机选择四组数据，利用传统方法得到信号的功率谱如图 4.19 所示。图 4.19(a)是利用平均周期图法得到的功率谱，纵坐标以分贝(dB)为单位，图 4.19(b)是对图 4.19(a)中的四组数据利用分段平均周期图法得到的功率谱，为了便于后面的实验结果比较，纵坐标未转化为 dB 形式，且做了归一化处理，频率分辨率为 0.1953MHz。

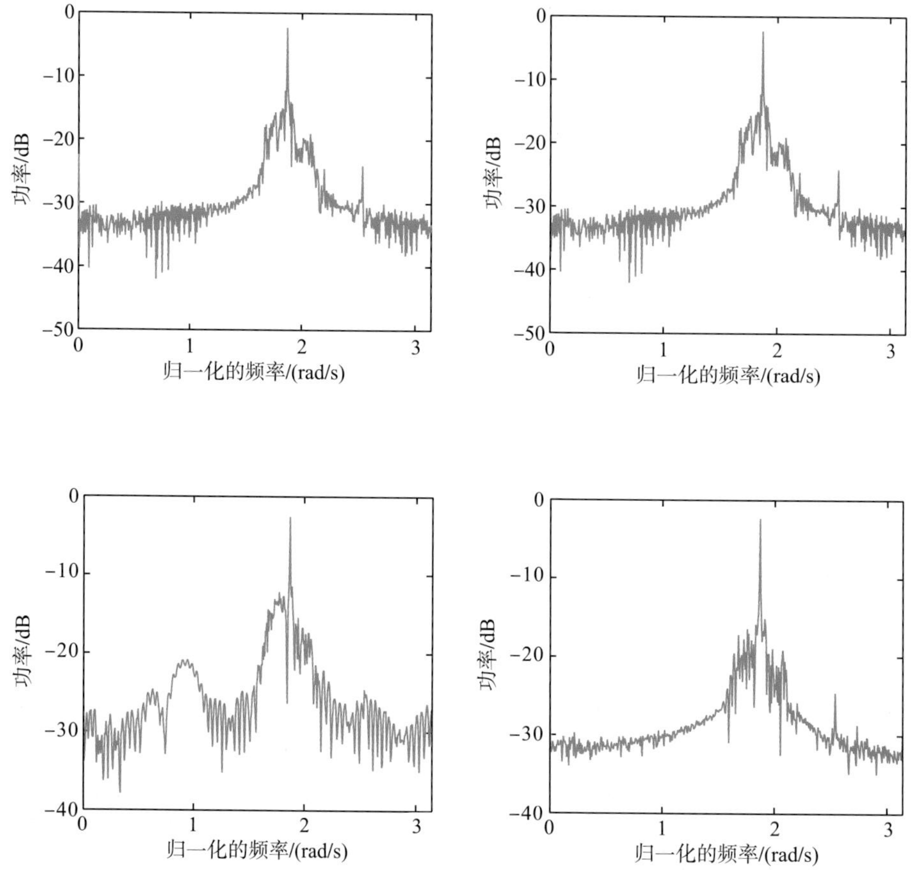
功率/dB
归一化的频率/(rad/s)
0
−10
−20
−30
−40
−50
0
1
2
3

(a)平均周期图法

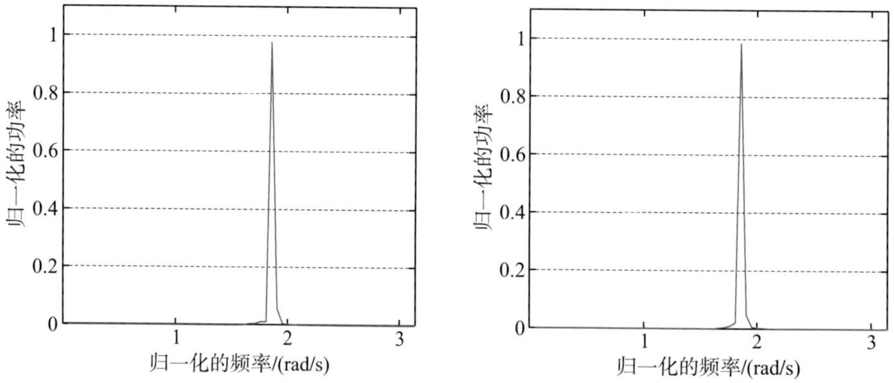
归一化的功率
归一化的频率/(rad/s)
0
0.2
0.4
0.6
0.8
1
1
2
3

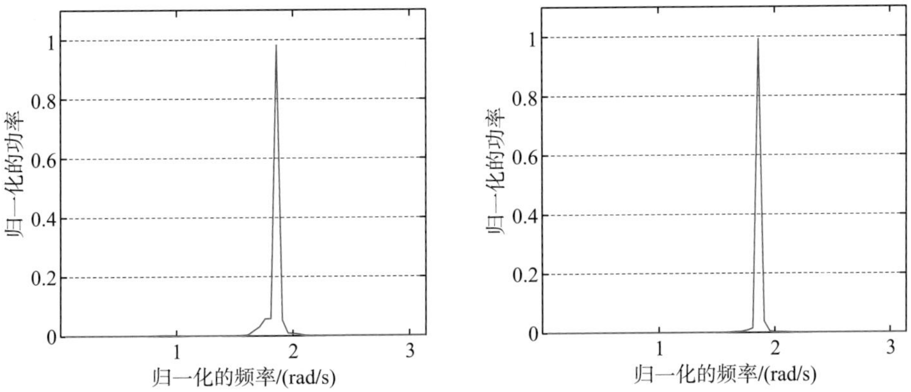

(b)分段平均周期图法

图 4.19　太阳射电信号的功率谱

4.3.1　基于多陪集采样的射电信号功率谱估计

采集的太阳射电信号频率在 55～65MHz 范围，属于稀疏信号，在进行功率谱密度估计时，多陪集(MC)采样系统选取采样通道数目 $q = 11$ 和分辨率参数 $L = 28$，对射电信号进行基于 MC 采样的压缩功率谱估计，结果如图 4.20 所示。

基于 MC 采样估计信号功率谱时，由于估计结果会出现 0 值，故纵坐标不能以 dB 为单位，而采用归一化单位。估计分辨率为 1.0156MHz，压缩估计的采样速率是奈奎斯特采样速率的 11/128(约等于 1/12)。压缩估计虽然在幅度上与参考功率谱存在一定的偏差，但均能比较准确地估计出太阳射电信号的频段范围，由于各个时刻采集的信号存在的干扰不一致，所以会对估计误差产生一定的影响。与图 4.19 中的四组参考功率谱比较，基于 MC 采样的功率谱估计的均方根误差分别为 0.4637、0.5793、1.2784 和 0.3041。

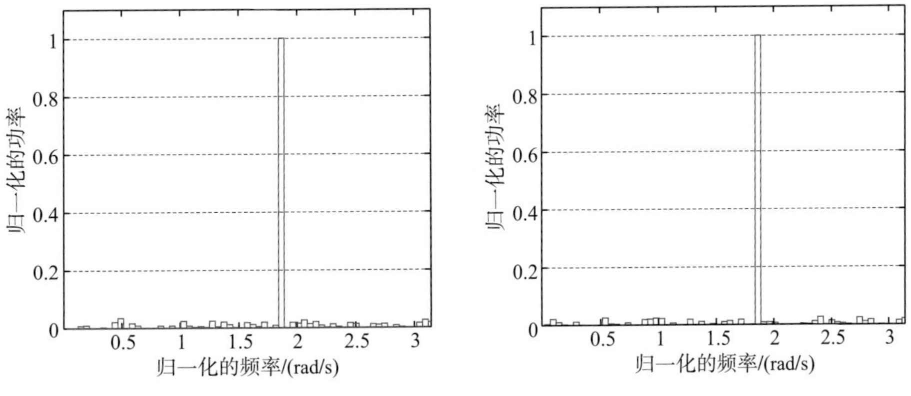

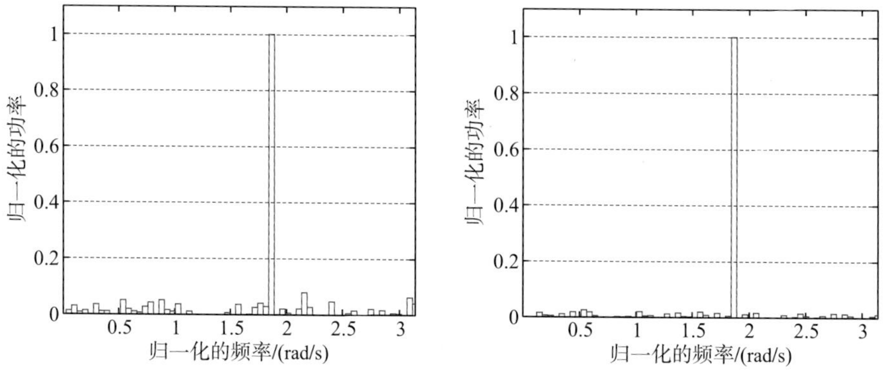

图 4.20 太阳射电信号功率谱估计(MC 采样)

4.3.2 基于随机调制预积分器的射电信号功率谱估计

基于随机调制预积分器(RMPI)估计太阳射电信号功率谱，选取与 4.3.1 节相同的分辨率及采样速率，即设置采样通道数目为 $q = 28$，分辨率参数 $L = 128$。对图 4.19 中的四组数据分别进行功率谱估计，结果如图 4.21 所示。

虽然基于 RMPI 的功率谱估计存在一定的误差，但在可接受的范围内，能够比较准确地估计出信号的频段范围。对 4 组数据的估计误差进行统计分析，均方根误差分别为 0.3405、0.3397、0.5521 和 0.2405。

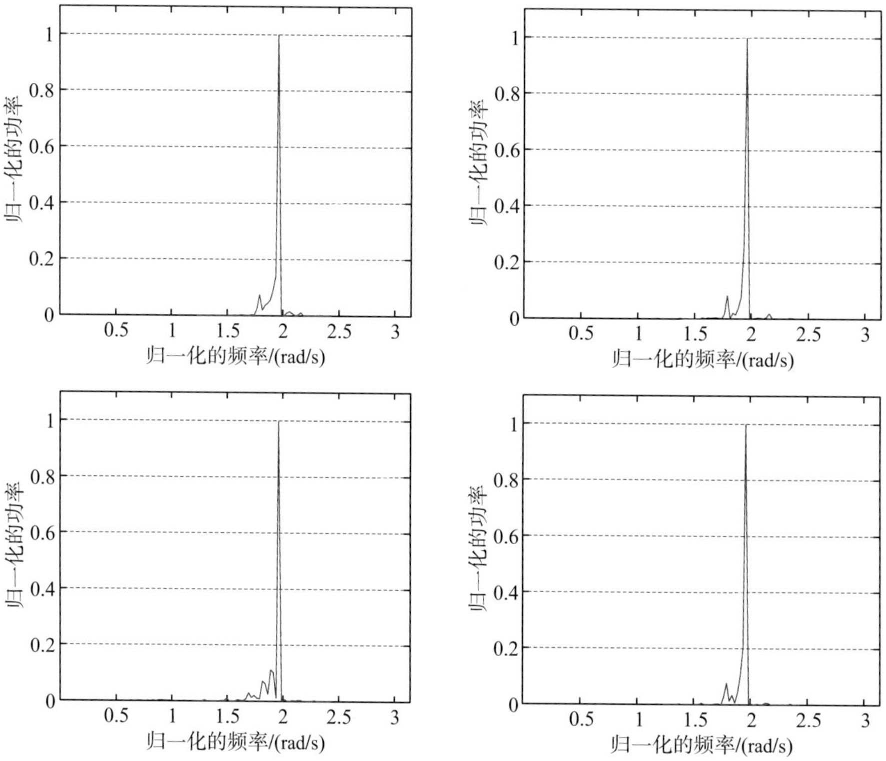

图 4.21 太阳射电信号功率谱估计(RMPI)

4.4 本章总结

本章介绍了调制宽带转换器采样系统电路设计，并在中科院云南天文台对 55～65MHz 范围的低频射电信号进行采集实验，采样所得数据用于分析天文信号频谱，取得了较好的结果。

将基于多陪集(MC)采样的功率谱估计和基于随机调制预积分器(RMPI)的功率谱估计用于实测太阳射电信号时，只要选取的参数合适，两种算法均能有效降低前端信号采样速率，且准确估计出信号的频段范围，说明其在射电天文信号观测中具有可行性。仿真实验表明，基于 MC 采样的功率谱估计算法理论上优于基于 RMPI 的功率谱估计算法。但是，由于 MC 采样前端样本采集时要精准控制时延，这在硬件上很难实现，而 RMPI 容易硬件实现，且只要所选分辨率合适，基于 RMPI 的功率谱估计算法的运算速度和估计误差均在允许的范围内，所以其更具有实用性。

参考文献

[1] 吴海龙, 柏正尧, 张瑜, 等. 基于调制宽带转换器的低频射电天文信号采集电路设计及实现[J]. 计算机应用, 2018, 38(2): 610-614.

[2] 王学玲, 王华力, 曾显华, 等. 稀疏多带信号的压缩采样技术的研究[J]. 通信技术, 2015, 48(9): 993-998.

[3] Mishali M, Eldar Y C, Dounaevsky O, et al. Xampling: Analog to digital at sub-Nyquist rates[J]. Circuits Devices and Systems, 2009, 5(1): 8-20.

[4] 李荷, 赵贤明, 郝志松. FPGA 高速并行 m 序列的设计[J]. 无线电工程, 2015, 45(7): 24-26.

[5] Feng K, Ding Q. Design and implementation of pseudo-random sequence generator based onlogistic chaotic system and m-sequence using FPGA[C]. 13th International Conference on Intelligent Information Hiding and Multimedia Signal Processing, Matsue, Japan, 2017.

[6] 孙克辉, 叶正伟, 贺少波. 混沌伪随机序列发生器的 FPGA 设计与实现[J]. 计算机应用与软件, 2014, 31(12): 7-11, 20.

[7] 韩春, 蔡俊. 基于 FPGA 的高速伪随机序列发生器设计[J]. 电子测量技术, 2013, 36(7): 55-57.

[8] 王婷, 田伟, 张京超, 等. 基于并串转换的多通道高速伪随机序列发生器[J]. 电子测量技术, 2016, 39(12): 27-30, 37.

[9] 刘婉茹, 叶建芳, 孙一萍. 基于 Multisim 乘法器混频电路的仿真研究[J]. 微型电脑应用, 2016, 32(10): 48-50.

[10] Licciardo G D, Cappetta C, Benedetto L D, et al. Weighted partitioning for fast multiplier-less multiple constant convolution circuit[J]. IEEE Transactions on Circuits and Systems II: Express Briefs, 2017, 64(1): 66-70.

[11] 林开司, 张露, 林开武. 巴特沃斯低通滤波器优化设计与仿真研究[J]. 重庆工商大学学报(自然科学版), 2014, 31(6): 58-62.

[12] 董雷, 张民, 张炜. 基于 MATLAB 巴特沃斯低通数字滤波器的设计与仿真[J]. 科技视界, 2016, (21): 96-97.

[13] Alp Y K, Gok G, Korucu A B. Sub-band equalization filter design for improving dynamic range performance of modulated wideband converter[C]. 25th European Signal Processing Conference, Kos, Greece, 2017.

[14] 贺富堂, 张锋, 姜芸. 运算放大器失调电压的测量及补偿方法[J]. 高校实验室工作研究, 2017, (1): 44-45.

[15] 张丽红. 基于 FPGA 与 SD 卡的图像产生器设计[J]. 微型机与应用, 2016, 35(9): 89-92.

[16] Israeli E, Tsiper S, Cohen D, et al. Hardware calibration of the modulated wideband converter[C]. IEEE Global Communications Conference, Austin, USA, 2014.

[17] 杨金宙, 徐东明, 王艳. 基于 FPGA 的高速数据采集系统设计与实现[J]. 中国集成电路, 2017, 26(Z1): 20-23, 34.

[18] 李珅, 马彩文, 李艳, 等. 压缩感知重构算法综述[J]. 红外与激光工程, 2013, 42(Z1): 225-232.

[19] La C, Do M N. Tree-based orthogonal matching pursuit algorithm for signal reconstruction[C]. IEEE International Conference on Image Processing, Atlanta, USA, 2006.

[20] 郑仕链, 杨小牛. 用于调制宽带转换器压缩频谱感知的重构失败判定方法[J]. 电子与信息学报, 2015, 37(1): 236-240.

[21] 刘学文, 肖嵩, 王玲, 等. 迭代预测正交匹配追踪算法[J]. 信号处理, 2017, 33(2): 178-184.

[22] 田金鹏, 刘小娟, 刘燕平, 等. 多候选集广义正交匹配追踪算法[J]. 应用科学学报, 2017, 35(2): 233-243.

[23] 蒋沅, 沈培, 代冀阳, 等. 一种基于 FPGA 实现的优化正交匹配追踪算法设计[J]. 电子技术应用, 2015, 41(10): 73-76, 80.

[24] Jia M, Shi Y, Gu X M, et al. Improved algorithm based on modulated wideband converter for multiband signal reconstruction[J/OL]. EURASIP Journal on Wireless Communications and Networking, 2016. https://doi.org/10.1186/s13638-016-0547-y.

[25] Wang J, Kwon S, Ping L I, et al. New recovery bounds for generalized orthogonal matching pursuit[J]. IEEE Transactions on Signal Processing, 2013, 60(12): 6202-6216.

[26] 闵锐, 杨倩倩, 皮亦鸣, 等. 基于正则化正交匹配追踪的 SAR 层析成像[J]. 电子测量与仪器学报, 2012, 26(12): 1069-1073.

[27] Needell D, Vershynin R. Signal recovery from incomplete and inaccurate measurements via regularized orthogonal matching pursuit[J]. IEEE Journal of Selected Topics in Signal Processing, 2010, 4(2): 310-316.

[28] Wang M J, Liu G H, Zhang D, et al. Stabilized stepwise orthogonal matching pursuit for sparse signal approximation[J/OL]. Journal of Physics: Conference Series, 2017. https://iopscience.iop.org/article/10.1088/1742-6596/910/1/012038.

[29] 汪浩然, 夏克文, 牛文佳. 分段正交匹配追踪(StOMP)算法改进研究[J]. 计算机工程与应用, 2017, 53(16): 55-61.

[30] Liao B, Yan L, Mo W, et al. Coherence restricted StOMP and its application in image fusion[J]. Journal of Visual Communication and Image Representation, 2016, 40: 559-573.

[31] Wang J, Kwon S, Shim B, et al. A new look at generalized orthogonal matching pursuit: Stable signal recovery under measurement noise[J/OL]. arXiv, 2013. https://doi.org/10.48550/arXiv.1304.0941.

[32] 刘恒杰, 段嗣昊, 胡昌伦, 等. 基于改进正交匹配追踪算法的信号识别研究[J]. 电子设计工程, 2017, 25(7): 161-164, 169.